SHIPINJIANYANZHUANYE

国家中等职业教育改革发展示范校建设项目成果教材

食品检验专业

食品感官检验

SHIPIN GANGUAN JIANYAN

鲁英 路勇 主编

中国劳动社会保障出版社

简介

本书为国家中等职业教育改革发展示范校建设项目成果教材，可供中等职业技术学校食品检验专业使用，主要内容包括：食品感官基础训练、食品标签的检验、饮料与酒类的感官检验、乳制品的感官检验、肉及其制品的感官检验、粮油及其制品的感官检验、烘焙食品的感官检验和调味品的感官检验等。

图书在版编目(CIP)数据

食品感官检验/鲁英，路勇主编．—北京：中国劳动社会保障出版社，2013
国家中等职业教育改革发展示范校建设项目成果教材．食品检验专业
ISBN 978-7-5167-0495-0

Ⅰ．①食…　Ⅱ．①鲁…　②路…　Ⅲ．①食品感官评价-中等专业学校-教材
Ⅳ．①TS207.3

中国版本图书馆 CIP 数据核字(2013)第 152821 号

中国劳动社会保障出版社出版发行

(北京市惠新东街 1 号　邮政编码：100029)

出 版 人：张梦欣

*

三河市潮河印业有限公司印刷装订　　新华书店经销

787 毫米×1092 毫米　16 开本　17.25 印张　328 千字

2013 年 7 月第 1 版　　2025 年 12 月第 6 次印刷

定价：39.00 元

营销中心电话：400-606-6496

出版社网址：http://www.class.com.cn

http://jg.class.com.cn

序

作为国家第一批中等职业教育改革发展示范学校，北京一轻高级技术学校开发设计了一批对接产业结构调整升级要求，反映新知识、新工艺、新材料、新技能，符合技术技能型人才成长规律的发展改革示范教材。

职业教育承担着帮助学生构建起专业理论知识体系、专业技术框架体系和相应职业活动逻辑体系的任务，而这三个体系的构建需要通过专业教材体系和专业教材内部结构得以实现。为此，在开发设计时，依据教材在构建知识、技术、活动三个体系中的作用，不同课程的教材采用了不同的内部结构设计和编写体例。

承担专业理论知识体系构建任务的教材，例如《食品检验技术基础》强调了专业理论知识体系的完整性与系统性，不强调专业理论知识的深度和难度，注重培养学生对专业理论知识整体框架的把握和应用能力。

承担专业技术框架体系构建任务的教材，例如《电工电子技术应用》强调学生对专业技术整体框架的把握，培养学生对新技术的学习能力，注重让学生在技术应用过程中提高实际操作的能力，同时培养学生职业活动过程中的技术比较与选择能力。

承担职业活动逻辑体系构建任务的教材，依据不同职业活动对从业人员应有特质的要求，分别采用了过程驱动、情景驱动的方式，形成了"做中学"的结构与体例。例如《常用机床及起重机电气维修》等技术类专业教材，采用过程驱动的教材结构，反映了技术职业活动的过程导向特点。这对于培养从事制造业等技术技能型人才过程导向的思维方式、行为的标准规范、准确的技术语言，特别是对尊重工艺规范和追求标准与精度价值的敏感特质的形成，将是十分有效的。《物流客户服务》等服务类专业教材，采用情景驱动的教材结构，反映了服务职业活动的情景导向特点。这对于培养从事现代服务业技能型人才的个性化服务理念、规范而又不失灵活的行为方式、富有情感的语言和交往沟通能力，将起到积极的促进作用。

在教学目标的确定以及教材内容、结构、素材的设计和选择上，教材还充分利用课程标准与国家职业资格标准、课程内容与典型职业活动、教学过程与职业活动逻辑、教材素材与职业活动案例的对接，力图实现工学结合。因此，这批教材不但符合我国经济发展方式转变、产业结构调整升级的新形势，而且十分适合"做中学、学中做"的教学方法，有利于学生职业素质和职业能力的形成。

2013 年 6 月

国家中等职业教育改革发展示范校建设项目成果教材
食品检验专业编委会

前言

为落实教育部、人力资源和社会保障部、财政部《关于实施国家中等职业教育改革发展示范学校建设计划的意见》文件精神，对接本地产业结构升级调整要求，大力推进职业院校课程体系改革，增强技能人才培养的针对性与适应性，我们组织多年从事食品检验专业教学的骨干教师和企业专家，在充分调研企业岗位要求和学校教学需求的基础上，开发编写了这套食品检验专业改革教材，包括《食品检验技术基础》《食品感官检验》《食品微生物检验》《食品营养素检测》《食品快速检测》和《食品安全检测》。

本套教材开发工作的重点有以下几个方面：

第一，根据食品检验岗位真实的工作任务设置学习情境。首先以典型性、实践性、职业性、先进性为原则选取工作任务，在此基础上，对其进行转化、补充，并结合相关理论知识，使之成为学习任务，同时融入职业素质内容，使学生在掌握理论知识、专业技能的同时，逐步形成和提高个人职业素养。

第二，根据学生的认知规律和职业能力形成规律组织教材内容，创新编写模式。以食品检验岗位需要的能力为主线，由简单到复杂，由单项到综合安排学习任务。学生通过完成不同的任务，掌握食品分析与检测全过程的工作技能，实现职业能力的提高。

第三，根据食品检验岗位的实际需要和《国家职业标准·食品检验工（中级）》对知识和技能的要求，同时依据现行食品安全国家标准设计学习任务的实施过程，使学生在完成食品分析与检测任务的过程中掌握相关知识和分析方法，并提高对国标方法的解读能力和执行能力。

第四，根据学生的学习特点确定教材的呈现形式。注重利用图表、现场照片和实物照片辅助讲解知识点和技能点，突出教材的直观性，激发学生的学习兴趣。

本套教材的编写得到了北京市人力资源和社会保障局职业技能开发研究室、北京市食品安全监控中心、北京市食品及酿酒产品质量监督检验一站、北京市燕京啤酒股份有限公司、北京义利面包食品有限责任公司、北京龙徽酿酒有限责任公司、北京红星股份有限公司和北京家乐福超市双井店等单位的大力支持，在此表示诚挚的谢意！

由于时间和编者水平有限，书中不妥之处在所难免，恳请读者批评指正。

食品检验专业编委会

2013年7月

目录 CONTENTS

绪 论

食品感官检验是每一名消费者和食品检验人员对食品进行的第一道检验。食品质量的优劣最直接地表现在它的感官性状上，通过感官指标来鉴别食品的优劣和真伪，不仅简便易行，而且灵敏度高，直观而实用，与使用各种理化、微生物的仪器进行分析相比，有很多优点，因而它也是食品的生产、销售、管理人员所必须掌握的一门技能。

一、食品感官检验概述

1. 食品感官检验的定义

食品质量感官检验是指凭借人体自身的感觉器官，具体来说就是凭借眼、耳、鼻、口（包括唇和舌头）和手，对食品的质量状况做出客观的评价。也就是通过用眼睛看、鼻子嗅、耳朵听以及用口品尝、用手触摸等方式，对食品的色、香、味和外观形态进行综合性的鉴别及评价。

2. 食品感官检验的意义

（1）对食品的可接受性做出判断。

（2）鉴别食品质量。感官检验不仅能直接对食品的感官性状做出判断，还可以察觉异常现象的有无，并据此提出必要的理化检测和微生物检验项目，便于进行食品质量的检测和控制。

（3）指导新产品开发、市场调查以及家庭饮食等。

3. 食品感官检验的法律依据

食品应当无毒、无害，符合应有的营养要求，具有相应的色、香、味等感官性状。《中华人民共和国食品安全法》第二十八条规定了禁止生产经营的食品，其中第四项包括：“腐败变质、油脂酸败、霉变生虫、污秽不洁、混有异物、掺假掺杂或者感官性状异常的食品”。这里所说的“感官性状异常”是指食品因失去了正常的感官性状而出现的理化性质异常或者微生物污染等，或者指食品质量发生不良改变或污染的外在警示。

“感官性状异常”不单是判定食品感官性状的专用术语，也是作为法律规定的内容和要求而被严肃地提出来的。

4. 食品感官检验的优点

（1）通过对食品感官性状的综合性检查，可以及时、准确地鉴别出食品质量有无异常，便于早期发现问题，及时进行处理，可避免对人体健康和生命安全造成损害。

（2）方法直观，手段简便，不需要借助任何仪器和设备以及专用、固定的检验场所和专业人员。

（3）感官鉴别方法经常能够察觉其他检验方法所无法鉴别的食品质量特殊性污染等微量变化。

5. 食品感官检验的适用范围

食品感官检验的适用范围包括肉及其制品、蛋及其制品、奶及其制品、水产品及其制品、调味品、谷类、植物油料与油脂、大豆及其制品、蔬菜、水果、茶叶、糖及其他。

6. 食品感官检验的应用

（1）食品工业原料、辅料、半成品和成品质量的检测与控制。

（2）新产品开发。

（3）市场调查。

（4）食品储存保鲜。

7. 感官检验的类型

（1）分析型感官检验。分析型感官检验是指把人的感觉器官作为一种检验测量的工具，来评价样品的质量特性或鉴别多个样品之间的差异等。分析型感官检验是通过感觉器官的感觉来进行检测的，因此，为了减少个人感觉之间差异的影响，提高检测的重现性，以获得高精度的测定结果，必须注意评价基准的标准化、实验条件的规范化和评价员的素质。

1）评价基准的标准化。在凭借感官测定食品的质量特性时，对每一测定项目都必须有明确、具体的评价尺度及评价基准物，即评价基准应统一、标准化，以防止评价员采用各自的评价基准和尺度，使结果难以统一和比较。对同一类食品进行感官检验时，其基准及评价尺度必须具有连贯性及稳定性。因此，制作标准样品是评价基准标准化的最有效方法。

2）实验条件的规范化。在感官检验中，分析结果很容易受环境及实验条件的影响，故实验条件应规范化，如必须有合适的感官实验室，有适宜的光照等。以防实验结果受环境条件的影响而出现大的波动。

3）评价员的素质。从事感官检验的评价员，必须有良好的生理及心理条件，并受过适当的训练，感官感觉敏锐。

综上所述，分析型感官检验是评价员对物品的客观评价，其分析结果不受人的主观意志干扰。

（2）偏爱型感官检验。偏爱型感官检验是指以样品为工具，来了解人的感官反应及倾向。这种检验必须用人的感官来进行，完全以人为测定器，调查及研究质量特性对人的感觉、嗜好状态的影响（无法用仪器测定）。这种检验的主要问题是如何才能客观地评价不同检验人员的感觉状态及嗜好的分布倾向。

二、感官检验的种类

1. 视觉检验

人们在挑选食品时是否喜欢和购买，往往取决于第一印象，即“视觉印象”。任何食品都有其一定的外观形态和色泽，而食品的外观形态和色泽往往与食品的内在质量有关。例如，从色泽可以判断水果、蔬菜的成熟状况；从表面的光泽、颜色、软硬度可以判断鱼类、肉类的新鲜度；看西瓜的颜色、纹路以及瓜蒂的形状，可以判断西瓜的成熟度。还可以通过消费者的购买量，判断什么样的颜色、造型、包装更受消费者的欢迎。

视觉鉴别应在白昼的散射光线下进行，以免灯光隐色产生错觉。鉴别时应注意整体外观、大小、形态、块形的完整程度、清洁程度、表面有无光泽、颜色的深浅和色调等。在鉴别液态食品时，要将它注入无色的玻璃器皿中，透过光线来观察，也可将瓶子颠倒过来，观察其中有无夹杂物下沉或絮状物悬浮。

2. 嗅觉检验

嗅觉是辨别各种气味的感觉。每种食品都有其固有的、独特的气味。通过嗅觉可以判断食品的新鲜程度和可接受度。例如，食品企业在进行加工原料新鲜度的检查时，可通过是否产生了氨味或腐败味判断鱼、肉是否变质；通过是否有哈喇味判断油脂是否氧化；通过清香味程度判断水果、蔬菜是否新鲜。还有食品的调香、酒的调配、茶叶质量的检查等都依靠嗅觉检验来完成。

食品嗅味鉴别的顺序应当是先识别味道淡的，后鉴别味道浓的，以免影响嗅觉的灵敏度。

3. 味觉检验

当呈味性的物质作用于味觉器官时，便产生了味觉。味觉器官不但能品尝到食品的滋味如何，而且对于食品中极轻微的变化也能敏感地察觉。如花生存放到尚未哈变时，其味道即有相应的改变。

味觉是由舌面和口腔内味觉细胞（味蕾）产生的，基本味觉有酸、甜、苦、咸四种，其余味觉都是由基本味觉组成的混合味觉。味觉器官的敏感性与食品的温度有关，在进行食品的滋味鉴别时，最好使食品处于 20 ~ 45℃，以免因温度的变化而增强或减弱食品对味觉器官的刺激。

在进行味觉检验时，取少量被检食物放入口中，细心品尝，然后吐出（不要咽下），用温水漱口。若连续检验几种不同味道的食品，应当按照刺激性由弱到强的顺序，最后鉴别味道强烈的食品。在进行大量样品鉴别时，中间必须休息，每鉴别一种食品之后必须用温水漱口。

4. 触觉检验

触觉检验主要是指通过手触摸食品或通过皮肤表面接触食品所产生的感觉来判断食品的质量特征。凭借触觉可鉴别食品的膨、松、软、硬、弹性（稠度）、韧性、光滑度、冷、热、潮湿、干燥等。例如，根据鱼体肌肉的硬度和弹性常常可以判断鱼是否新鲜。触觉检验往往与听觉检验一起进行，如通过手拍、耳听，可以判断西瓜的成熟度；用手摇动鸡蛋，听其发出的声音，可以判断其是否变质等。

在进行感官检验时，通常先进行视觉检验，再进行嗅觉检验，然后进行味觉检验及触觉检验。

三、食品感官检验的常用方法

食品感官检验的常用方法主要有差别检验法、类别检验法和描述性检验法。在进行感官检验时，具体采用哪一种方法，要根据检验的目的、要求等来决定。

1. 差别检验法

差别检验的目的是确定两种产品之间是否存在感官差别。在差别检验中，对给出的两个或两个以上样品，要求评价员必须给出是否存在感官差异的回答，一般不允许评价员回答“无差异”。

差别检验法的主要类型包括成对比较检验法、三点检验法、二—三点检验法、五中取二检验法、“A”—“非 A”检验法、选择检验法和配偶检验法等。

差别检验法可用于实际生产中的成品检验、新产品开发、品质控制和检查仿冒制品等，也可以用于对评价员的挑选、培训和考核评价。

2. 类别检验法

类别检验法是指要求评价员对两个以上的样品进行评价，并判断出哪种样品好，哪种样品差，以及它们之间的差异大小和差异方向等。通过实验可得出样品间差异的排序和大小，或者样品应归属的类别和等级。

类别检验法的主要类型包括排序检验法、分类检验法、评估检验法、评分检验法、分等检验法、选择检验法和配对检验法等。

类别检验法可用于产品评级，对消费者可接受性进行调查及确定偏爱顺序，新产品鉴评，选择或筛选产品，确定不同原料、加工、处理、包装和储藏等环节对产品感官性状的影响等。

3. 描述性检验法

描述性检验要求评价员可判断出一个或多个样品的某些特征或对某特定特征进行描述和分析，从而得出样品各个特征的强度或样品全部感官特性。

描述性检验法的主要类型包括简单描述检验法、定量描述检验法和感官剖面检验法等。

描述性检验法可用于产品质量控制，判断产品在储藏中的变化，确定产品之间差异的性质，新产品研制以及产品品质的改良等。

四、感官检验的基本要求

1. 食品感官评价室的组成及功能

食品感官评价室一般由样品制备室、品评实验室、讨论室、仪器室四部分组成，如图 0—1—1 所示。各部分的功能见表 0—1—1。

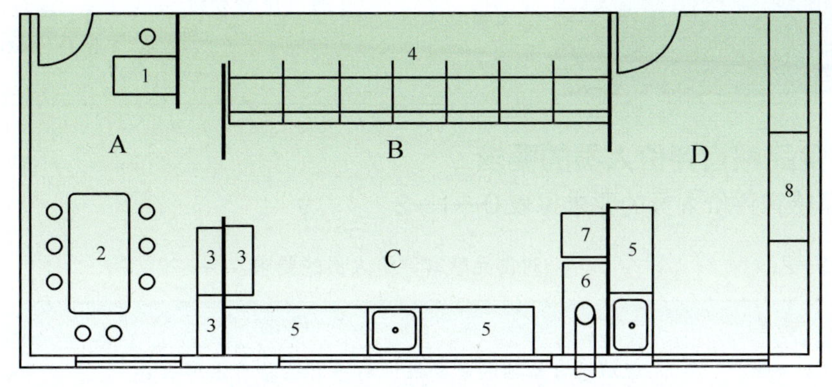

图 0—1—1 食品感官评价室

A—讨论室 B—品评实验室 C—样品制备室 D—仪器室
1—办公桌 2—会议桌 3—储物柜 4—品评台
5—实验台 6—通风厨 7—冰箱 8—仪器台

表 0—1—1　　食品感官评价室的组成及功能

配图	组成	功能	环境条件
	1. 样品制备室：操作台、储物柜、冰箱、空调、通风机、水槽、加热炉、天平、厨房用具等	对样品进行预处理，如加热、冷却、分割、分装、称量、编号等	样品制备室 （1）与品评实验室完全隔开，有与品评实验室相通的小窗口用来传递样品 （2）有排风系统
	2. 品评实验室：隔开的品评台、通风机、饮水机、垃圾桶、空调等	品评人员进行品评实验的场所。品评人员按要求进行品评，并记录和打分	品评实验室 （1）温度与湿度：一般恒定在21℃左右，湿度保持在65%左右 （2）空气流通与洁净：有排风系统，保持空气新鲜、流通，避免室内用具产生气味 （3）光线与照明：自然光与人工照明相结合，室内光源用日光灯；实验用带灯罩的白炽灯 （4）噪声与振动：远离噪声与振动源，避开大楼门厅、楼梯、走廊等，保持检验室安静
	3. 讨论室：会议桌、椅子、局域网、空调等	品评人员进行讨论的场所。也可用作教学场所	
	4. 仪器室：电子鼻、质构仪、旋转流变仪等	用理化和人工智能分析仪器进行定性、定量分析	

2. 对食品感官评价人员的要求

对食品感官评价人员的要求见表 0—1—2。

表 0—1—2　　对食品感官评价人员的要求

序号	内容	要求
1	兴趣	理解感官检验的重要性，对感官检验有浓厚兴趣
2	健康	身体健康，五官感觉正常，无过敏症，年龄为 20 ~ 50 岁
3	语言表达能力	对自己的感觉和产品的特性能够用语言进行描述及表达
4	准时出席	保证有 80% 以上的出勤率，并保证实验的完整性
5	态度客观	具备与所检验食品相关的专业知识，并对所检验食品无个人好恶和偏见

续表

序号	内容	要求
6	没有不良嗜好	无抽烟、饮酒、饮浓茶嗜好，不化浓妆、喷香水。保持良好的卫生习惯，无明显个人气味

五、食品质量感官鉴别常用的一般术语及其含义

味道：能产生味觉的产品的特性。

基本味道：四种独特味道（酸味、苦味、咸味、甜味）中的任何一种。

酸味：由某些物质（如柠檬酸、酒石酸等）的水溶液产生的一种基本味道。

甜味：由某些物质（如蔗糖等）的水溶液产生的一种基本味道。

苦味：由某些物质（如奎宁、咖啡因等）的水溶液产生的一种基本味道。

咸味：由某些物质（如氧化钠等）的水溶液产生的一种基本味道。

碱味：由某些物质（如碳酸氢钠等）在嘴里产生的复合感觉。

涩味：某些物质（如多酚类等）产生的使皮肤或黏膜表面收敛的一种复合感觉。

风味：品尝过程中感受到的嗅觉、味觉和三叉神经觉特性的复杂结合。它可能受触觉、温度觉、痛觉和（或）动觉效应的影响。

异常风味：非产品本身所具有的风味（通常与产品的腐败变质相联系）。

沾染：与该产品无关的外来味道、气味等。

厚味：产品的味道浓。

平味：产品的风味不浓且无任何特色。

无味：产品没有风味。

口感：在口腔内（包括舌头与牙齿）感受到的触觉。

后味、余味：在产品消失后产生的嗅觉和（或）味觉。它有时不同于产品在嘴里时的感受。

气味：嗅觉器官感受到的感官特性。

芳香：一种带有愉快内涵的气味。

特征：可区别及可识别的气味或风味特色。

异常特征：非产品本身所具有的特征（通常与产品的腐败变质相联系）。

外观：一种物质或物体的外部可见特征。

质地：用机械的、触觉的方法，或在适当条件下用视觉及听觉感受器感觉到的产品的所有流变学的和结构上的（几何图形和表面）特征。

稠度：由机械的方法或触觉感受器，特别是口腔区域受到的刺激而觉察到的流动特性。它随产品的质地不同而变化。

硬：描述需要很大力量才能造成一定的变形或穿透的产品的质地特点。

结实：描述需要中等力量可造成一定的变形或穿透的产品的质地特点。

柔软：描述只需要较小的力量就可以造成一定的变形或穿透的产品的质地特点。

嫩：描述很容易切碎或嚼烂的食品的质地特点。常用于肉和肉制品。

老：描述不易切碎或嚼烂的食品的质地特点。常用于肉和肉制品。

酥：修饰破碎时带响声的松而易碎的食品。

有硬壳：修饰具有硬而脆的表皮的食品。

无毒、无害：不造成人体急性、慢性疾病，不构成对人体健康的危害的，或者含有少量有毒、有害物质，但尚不足以危害健康的食品。在质量感官鉴别结论上可写成“无毒”字样。

色、香、味：食品本身固有的和加工后所应当具有的色泽、香气、滋味。

六、鉴别后食品的食用与处理原则

在感官鉴别时，如食品有明显变化，应当立即做出能否供食用的确切结论。对于感官变化不明显的食品，还须借助理化指标和微生物指标的检验才能得出综合性的鉴别结论。食品的食用或处理原则是在确保人民群众身体健康的前提下，尽量减少国家、集体或个人的经济损失，并考虑到物尽其用的问题。具体方式通常有以下四种：

1. 正常食品

经过鉴别和挑选的食品，其感官性状正常，符合国家卫生标准，可供食用。

2. 无害化食品

食品在感官鉴别时发现了一些问题，对人体健康有一定危害，但经过处理后，可以被清除或控制，其危害不再会影响到食用者的健康。如高温加热、加工复制等。

3. 条件可食食品

有些食品在感官鉴别后，需要在特定的条件下才能供人食用。如有些食品已接近保质期，必须限制出售和限制供应对象等。

4. 危害健康食品

在食品感官鉴别过程中发现的对人体健康有严重危害的食品，不能供食用。但可在保证不扩大蔓延并对接触人员安全无危害的前提下，充分利用其经济价值，如用于工业生产等。但对严重危害人体健康且不能保证安全的食品，如患有烈性传染病或容易在畜、禽中蔓延的传染病的畜、禽的肉，以及被剧毒物质或放射性物质污染的食品，必须在严格的监督下毁弃。

【思考与练习】

1. 食品感官评价室应有哪些功能和要求？
2. 食品感官评价人员应具备哪些基本条件？
3. 参观食品感官评价室，指出其组成及功能。

项目一

食品感官基础训练

【先导知识】

一、感觉的概念

1. 感觉的定义和分类

感觉就是客观事物的各种特征和属性通过刺激人的不同的感觉器官引起兴奋，经神经传导反映到大脑皮层的神经中枢而产生的反应。

人类的感觉可分为五种基本感觉，即视觉、听觉、嗅觉、味觉和触觉。食物作为一种刺激物，它能刺激人的多种感觉器官，从而产生多种感官反应。如苹果，人们可以通过视觉感受到它的颜色，通过嗅觉感受到它的香气，通过味觉感受到它的味道，通过触觉或咀嚼感受到它的软硬等。

除上述五种基本感觉外，人类可辨别的感觉还有温度觉、痛觉、疲劳觉等多种感觉。

2. 感觉阈值

感觉是由适当的刺激产生的，然而刺激的强度不同，产生的感觉也不同。这个强度范围即称为感觉阈值。它是指从刚好能引起感觉，到导致感觉消失的刺激强度范围。可以将各种感觉的感觉阈值分为以下几种：

（1）绝对阈值。是指以产生一种感觉的最低刺激量为下限，以导致感觉消失的刺激量为上限的一个范围值。

（2）察觉阈值。是指对刚刚能引起感觉的最小刺激量。

（3）差别阈值。是指感官所能感觉的刺激量的最小变化。

二、感觉的基本规律

1. 感觉的适应现象

俗话说“入芝兰之室，久而不闻其香”。感官在某一刺激物的持续作用下，即使刺激强度不改变，感官的敏感性也会发生变化，这就是适应现象。如吃过辣的食品，再吃甜的食品，会觉得甜味变淡。一般情况下，强烈刺激的持续作用使敏感性降低，微弱刺激的持续作用使敏感性提高。

2. 感觉的对比现象

当两个不同的刺激物先后作用于同一感官时，一般把一个刺激的存在比另一个刺激强的现象称为对比现象。如吃过糖后再吃橘子，会觉得甜橘子变酸了。在品尝每种食品前，都应先彻底漱口；品尝不同浓度的食品时，应先淡后浓，刺激强度应从弱到强，避免对比现象的发生。

3. 感觉的协同效应和颉颃效应

当两种或多种刺激同时作用于同一感官时，感觉水平超过每种刺激单独作用效果叠加的现象，称为协同效应或相乘效应。如味精与食盐共存时，使味精的鲜味加强；谷氨酸与肌苷酸共存时，鲜味显著增强，且超过两者鲜味的叠加。与协同效应相反的是颉颃效应。它是指因一种刺激的存在而使另一种刺激强度减弱的现象。如菜做咸了，可以加一点糖。

4. 感觉的掩蔽现象

当两个强度相差较大的刺激同时作用于同一感官时，往往只能感觉出其中的一种刺激，这种现象称为掩蔽现象。如当两个强度相差很大的声音传入双耳时，人们只能感觉到强度较大的那一个声音。

任务 1　样品的制备与呈送

【学习目标】

1. 了解随机编号法。
2. 能按检验要求准备仪器、用品。
3. 能用随机编号法对样品进行编号，并能正确选定呈送顺序。

【任务引入】

样品是感官检验的受体，样品制备的方式及制备好的样品呈送给检验人员的方式对检验结果会产生重要的影响。在感官鉴评实验中，必须规定样品制备的要求及呈送顺序，

以确保检验结果的可靠性。本任务将完成对红葡萄酒样品的制备与呈送。

【任务分析】

呈送给感官检验员进行感官检验的样品，其在感官质量上的差别会使评价人员对其所要评价的特性造成影响，甚至使评价结果完全失去意义。所以，对需要进行感官检验的样品，其均一性、数量、温度、盛放样品的容器、样品的编号和呈送顺序都有一定的要求。

【相关知识】

一、样品制备的要求

1. 均一性

均一性是指所制备样品的各项特性均应完全一致，包括每份样品的量、颜色、外观、形态、温度、软硬等。

2. 样品量

样品量对感官检验员的影响体现在两个方面，一是感官检验员在一次实验中所能鉴评的样品个数；二是提供给每个感官检验员供分析用的样品数量。

由于检验人员对被检验样品的熟悉程度不同或会出现感觉疲劳现象，因此，在进行感官分析实验时，最好每组实验的样品个数为 4 ~ 8 个，每评价一组样品后，应间歇一段时间再评下一组。

每个样品的数量应随实验方法和样品种类的不同而定。通常，固体样品数量为 30 ~ 40 g，液体样品数量为 30 mL 左右。

3. 样品的温度

样品温度的控制应以最容易感受到所检验特性为基础，通常由该食品的饮食习惯而定，如乳制品的最佳检验温度为 15℃。表 1—1—1 列出了几种常见食品的最佳感官检验温度。

表 1—1—1　　几种常见食品的最佳感官检验温度

品种	啤酒	白葡萄酒	红葡萄酒	浓橙汁	乳制品	食用油
最佳温度（℃）	11 ~ 15	13 ~ 16	18 ~ 20	10 ~ 13	15	55

4. 容器

盛样品的容器应清洁、无味，以玻璃或陶瓷容器为宜。同一实验批次的容器，其大小、形状和颜色应保持一致。

二、样品的编号与呈送

在食品感官检验中，要求所有呈送给检验人员的样品都应编号，一般采用随机的三位数字编号，并随机地分发给评价员，以避免因样品的分发顺序不同而产生某种暗示，影响评价人员的判断。

1. 随机编号法

随机号码表又称乱数表。它是将 0 ~ 9 的 10 个自然数按编码位数的要求（如两位一组，三位一组，五位甚至十位一组），利用特制的摇码器（或电子计算机），自动地逐个摇出（或电子计算机生成）一定数目的号码编成表，以备查用（见附录）。这个表内任何号码的出现都有同等的可能性。利用这个表抽取样本时，可以大幅度简化抽样的烦琐程序。

例 1　4 名红葡萄酒感官检验员准备检验 5 种红葡萄酒样品，请给所有的样品编号。

［解］将 5 种红葡萄酒分成 4 组，例如，先给第一组红葡萄酒样品编号。先从随机号码表中任意选择一个位置，如第一组编号，从第 4 行第 5 列开始以 3 位数来编号，往右移（或往其他方向移），选出 5 个编号。依次重复 4 次，4 名检验员对 5 种酒的编号见表 1—1—2。

表 1—1—2　　4 名检验员对 5 种酒的编号

组号	样品编号				
	A	B	C	D	E
1	859	926	969	668	273
2	785	916	955	567	199
3	180	792	464	417	165
4	702	917	121	304	332

2. 样品的呈送

呈送给评价员的样品的摆放顺序也会对感官评价的结果产生影响。在给评价员呈送样品时，应注意让样品在每一个位置上出现的概率相同，如对上述样品，在确定呈送顺序时，也可以采用随机编号法。

例 2　请用随机编号法给例 1 中的样品确定检验顺序。

［解］检验顺序也可查随机号码表确定，先在表中任选一个位置，如第一组编号从第 7 行第 3 列开始往右取 5 个数，分别是 4、2、1、7、5。由于只有 5 个样品，数字大于 5 的不选，重复的不选，故将 7 去除，向后顺延再选一位数，得到 4、2、1、5、3，依次重复 4 次，4 名检验员对 5 种酒的编号和检验顺序见表 1—1—3。

表 1—1—3　　4 名检验员对 5 种酒的编号和检验顺序

组号	样品编号				
	A	B	C	D	E
1	668	926	859	273	969
2	785	916	199	955	567
3	792	417	464	165	180
4	917	121	304	332	702

提供给每位检验人员的样品编号和检验顺序都应不同。

三、样品的中性载体

有些不能直接品评的样品，需要用中性载体进行稀释。载体及其用量的选择必须避免样品所测特性发生改变，即不会产生颉颃作用或协同作用。常用的中性载体有水、牛奶、米饭、馒头、饼干、蔬菜等。几种不能直接品评的样品及其适用的中性载体见表 1—1—4。

表 1—1—4　　几种不能直接品评的样品及其适用的中性载体

样品	数量	中性载体	温度
油脂		炸面包圈 1 个	烤热或油炸
		油炸小点心 3 个左右	油炸
果酱	28 g	淡饼干	室温
糖浆	28 g	华夫饼干	32℃
奶油沙司	28 g	蔬菜	室温
卤汁	28 g	土豆泥	60 ~ 65℃
酒精	5 mL	酒精 / 蒸馏水 =4 : 1	室温
热咖啡	56 g	加入适量奶、糖	65 ~ 71℃

【任务实施】

给 4 名红葡萄酒感官检验员准备检验的 5 种红葡萄酒样品编号，并确定呈送顺序。

一、准备工作

配图	操作步骤	要求
	1. 样品记录 产品的来源（名称、厂家等，何时、何地生产）、实验所需数量（来源一致）、储存情况（储存的地点和条件，储存的时间、温度、湿度，运输条件及包装），样品记录表见表 1—1—5	记录翔实，准确无误
	2. 仪器、工具 天平、量筒（5 个）、小烧杯（20 个）、小托盘（4 个）、温度计、记号笔、废液缸、餐巾纸	（1）仪器、工具按实验所需的规格、数量要求准备齐全 （2）容器提前清洗干净
	3. 样品 5 种红葡萄酒	

表 1—1—5　样品记录表

序号	样品名称	样品类别	数量	包装形式	样品批号	生产日期	型号规格	样品状态	样品来源	生产厂家	保存方法
1											
2											
3											
4											
5											

二、样品的制备

配图	操作步骤	要求
	1. 先将5种样品用A、B、C、D、E编号	
	2. 盛取样品 用量筒取一种红葡萄酒30 mL倒入小烧杯中，取4杯为一组，依次取其他4种酒，共取20杯，分为4组	（1）清洗容器时应用不留残余味道的清洗剂，也可采用一次性纸杯或塑料杯 （2）红葡萄酒的最佳检验温度为18～20℃
	3. 编号 查随机号码表，选取编号，用记号笔在小烧杯上写上编号。5个一组，分为4组	（1）采用无气味记号笔或粘贴标签做标记 （2）同一个样品应编多个不同的号码 （3）同一个品评员拿到的样品不能有相同的编号

三、样品的呈送

配图	操作步骤	要求
	1. 确定呈送顺序 查随机号码表，确定呈送顺序。按呈送顺序重新排列4组，共20杯样品	

续表

配图	操作步骤	要求
	2. 记录 将样品呈送顺序编号记录在样品准备表中，见表1—1—6	
	3. 呈送样品 将每组的5个样品按随机排列好的顺序码放在小托盘中，共4盘，分别呈送给品评员	（1）提前为品评员准备好餐巾纸 （2）提前为品评员准备好废液缸

表1—1—6　　样品准备表

编号：________　　评价员：________　　实验日期：________

组号	样品编号				
	A	B	C	D	E
1					
2					
3					
4					

【考核评价】

素质	内容	评价项目	评价		
	学习目标		个人评价30%	小组评价30%	教师评价40%
知识（20分）	应知	1. 知道样品制备的要求 2. 知道随机编号的方法和样品呈送的方法 3. 知道不能直接品评的样品需要用到的中性载体			

续表

<table>
<tr><th rowspan="2">素质</th><th>内容</th><th rowspan="2">评价项目</th><th colspan="3">评价</th></tr>
<tr><th>学习目标</th><th>个人评价30%</th><th>小组评价30%</th><th>教师评价40%</th></tr>
<tr><td rowspan="4">专业能力（60分）</td><td>准备工作（20分）</td><td>1. 样品记录翔实，准确无误
2. 仪器、用品准备符合操作标准
3. 能按实验数量、规格需求配置仪器</td><td></td><td></td><td></td></tr>
<tr><td>样品的制备（20分）</td><td>1. 能正确量取样品，并给样品分组
2. 能用随机数给样品编号</td><td></td><td></td><td></td></tr>
<tr><td>样品的呈送（10分）</td><td>1. 能用随机数正确选定呈送顺序
2. 能正确码放样品，并呈送</td><td></td><td></td><td></td></tr>
<tr><td>遵守安全、卫生要求（10分）</td><td>1. 遵守实验室安全规范
2. 遵守实验室卫生规范</td><td></td><td></td><td></td></tr>
<tr><td rowspan="2">通用能力（10分）</td><td>动作协调能力（5分）</td><td>动作灵活、准确，双手配合协调</td><td></td><td></td><td></td></tr>
<tr><td>与人合作能力（5分）</td><td>与同学互相配合，团结互助</td><td></td><td></td><td></td></tr>
<tr><td>态度（10分）</td><td>认真、细致、勤劳</td><td>实验操作规范，仪器摆放整齐，操作台干净整洁</td><td></td><td></td><td></td></tr>
<tr><td colspan="2">总分</td><td></td><td></td><td></td><td></td></tr>
<tr><td colspan="2">平均分</td><td colspan="4"></td></tr>
</table>

【思考与练习】

1. 简述样品制备的要求。

2. 案例分析

请甲、乙两名实验员准备A、B两种奶酪样品，切成1 cm^3 的小块各5块，甲切A种奶酪样品，每块都是非常标准的1 cm^3 的小块，乙切B种奶酪样品，小方块大小略有差别，是否可以同时送给感官检验员？为什么？

3. 给7名茶叶感官检验员准备5种绿茶样品：（1）请给所有的样品编号；（2）确定呈送顺序。

任务 2　四种基本味的味阈实验

【学习目标】

1. 了解味觉的种类和影响味觉产生的因素。
2. 能够按要求配备四种基本味液的储备液和使用液。
3. 能测定对四种基本味觉刺激的感受性。
4. 通过测定，知道自己对四种基本味的识别能力和察觉阈值。
5. 能通过对本任务的学习，自行设计并对其他的阈值进行测定。

【任务引入】

食品感官评价就是利用人的感官对食品进行评析。参加感官评价人员的感官灵敏性将影响最终的鉴评结果。因此，在挑选感官评价员时，每个候选者都要经过各种有关感官功能的检验，以确定其视觉、味觉、嗅觉等感官是否灵敏。本任务将完成感官评价人员四种基本味觉辨别能力的检验和阈值的测定。

【任务分析】

酸、甜、苦、咸是人类的四种基本味觉，取四种标准味感物质的稀释液，以浓度递增的顺序提供给实验人员，当它们的浓度达到识别味阈值以上时，人们就可以通过舌部以及口腔的味蕾感知并识别出它们。由于每个人的味觉敏感度不同，味阈值也就不同。因此，可以通过事先准备好的味液来测定实验者对四种基本味道的识别能力。

【相关知识】

一、味觉的概念与分类

味觉是指食物在人的口腔内对味觉器官化学感受系统的刺激并产生的一种感觉。通常味觉有酸、甜、苦、辣、咸、鲜、涩几种，其中酸、甜、苦、咸为四种基本味觉。

二、味觉的产生过程

口腔内感受味觉的主要是味蕾。可溶性呈味物质进入口腔后，在舌头肌肉运动的作用下与味蕾相接触，然后刺激味蕾中的味细胞，这种刺激再以脉冲的形式通过神经系统传至大脑，经大脑分析后产生味觉。

舌头各个部位对不同味觉的灵敏度是不同的，舌尖易感受甜味，舌头两侧的前半部分易感受咸味，后半部分易感受酸味，舌头的后部则对苦味比较灵敏。舌头上味觉感受部位如图 1—2—1 所示。

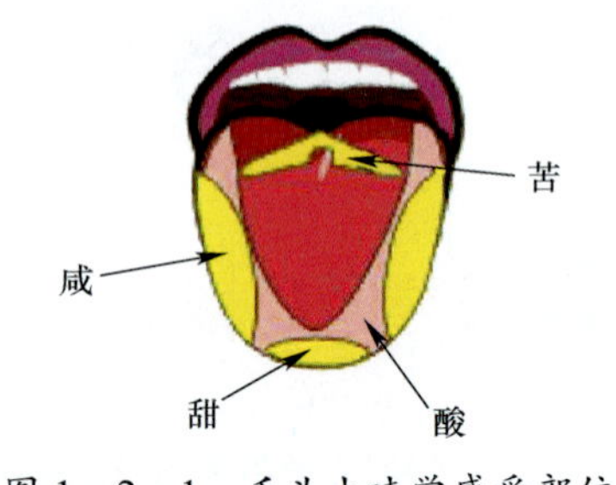

图 1—2—1　舌头上味觉感受部位

三、影响味觉产生的因素

1. 物质的组成

物质的结构是物质产生味觉的主要原因。如含盐类（氯化钠）的物质具有咸味，含糖类（蔗糖、葡萄糖、果糖、麦芽糖等）的物质具有甜味，含酸（盐酸、柠檬酸、醋酸、酒石酸等）的物质具有酸味，含生物碱的物质具有苦味。

2. 温度

一般随温度的升高，味觉会加强，最适宜味觉产生的温度是 10 ~ 40℃，尤其是 30℃最敏感，大于或小于此温度味觉都将变得迟钝。温度对呈味物质的阈值也有明显的影响，在四种基本味觉中甜味和酸味的最佳感觉温度为 35 ~ 50℃，咸味的最佳感觉温度为 18 ~ 35℃，而苦味的最佳感觉温度则为 10℃。

3. 物质的水溶性

呈味物质必须有一定的水溶性才可能有一定的味感，完全不溶于水的物质是无味的，溶解度小于阈值的物质也是无味的。水溶性越高，味觉产生得越快，消失得也越快。一般呈现酸味、甜味、咸味的物质有较大的水溶性，而呈现苦味的物质水溶性则相对较低。

4. 各种物质之间的相互作用

两种相同或不同的呈味物质进入口腔时，会使两者呈味味觉都有所改变的现象称为味觉的相互作用。

（1）味的对比现象。是指将两种或两种以上的呈味物质适当调配，可使某种呈味物质的味觉更加突出的现象。如在 10% 的蔗糖中添加 0.15% 的氯化钠，会使蔗糖的甜味更加突出。

（2）味的相乘（协同）作用。是指两种具有相同味感的物质进入口腔时，其味觉强度超过两者单独使用的味觉强度之和，又称味的协同效应。甘草铵本身的甜度是蔗糖的 50 倍，但与蔗糖共同使用时末期甜度可达到蔗糖的 100 倍。

（3）味的颉颃作用。是指一种呈味物质能够减弱另外一种呈味物质味觉强度的现象。如蔗糖与硫酸奎宁之间的相互作用。

（4）味的变调作用。是指两种呈味物质相互影响而导致其味感发生改变的现象。如刚吃过苦味的东西，喝一口水就觉得水是甜的，刷过牙后吃酸的东西就有苦味产生。

（5）味的疲劳作用。是指当长期受到某种呈味物质的刺激后，会感觉刺激量或刺激强度减小的现象。

四、四种基本味的识别

通常用柠檬酸、蔗糖、硫酸奎宁、氯化钠分别作为酸、甜、苦、咸四种标准味感物质。在实验时，先要配制四种基本味道的储备液，见表 1—2—1；然后制备四种标准味感物质的两个或三个不同浓度的稀释液，见表 1—2—2，以浓度递增的顺序提供给实验人员，以此来测定实验者对四种基本味道的识别能力。

表 1—2—1　四种基本味储备液的制备

基本味道	参比物质	储备液浓度（g/100 mL）	配制方法
甜	蔗糖 M=342.3	20	称取 50 g 蔗糖，溶解并定容至 250 mL
咸	无水氯化钠 M=58.46	10	称取 25 g 氯化钠，溶解并定容至 250 mL
酸	柠檬酸 M=210.1	1	称取 2.5 g 柠檬酸，溶解并定容至 250 mL
	DL—酒石酸（结晶） M=150.1	2	称取 5 g 酒石酸，溶解并定容至 250 mL
苦	硫酸奎宁 M=196.9	0.02	称取 0.05 g 硫酸奎宁，溶解（70 ~ 80℃）并定容至 250 mL
	咖啡因（一水化合物结晶） M=212.12	0.200	称取 0.5 g 咖啡因，溶解并定容至 250 mL

表 1—2—2　四种基本味稀释液的浓度和制备方法

基本味道	物质	使用液浓度（g/100 mL）	配制方法
甜	蔗糖	0.4	取 20 mL 蔗糖储备液，稀释并定容至 500 mL
		0.6	取 30 mL 蔗糖储备液，稀释并定容至 500 mL
咸	无水氯化钠	0.08	取 8 mL 氯化钠储备液，稀释并定容至 500 mL
		0.15	取 15 mL 氯化钠储备液，稀释并定容至 500 mL

续表

基本味道	物质	使用液浓度（g/100 mL）	配制方法
酸	柠檬酸	0.02	取 20 mL 柠檬酸储备液，稀释并定容至 500 mL
		0.03	取 30 mL 柠檬酸储备液，稀释并定容至 500 mL
		0.035	取 35 mL 柠檬酸储备液，稀释并定容至 500 mL
苦	咖啡因	0.01	取 25 mL 咖啡因储备液，稀释并定容至 500 mL
		0.02	取 50 mL 咖啡因储备液，稀释并定容至 500 mL

【知识链接】质量—体积浓度的计算方法

质量—体积浓度是指 1 L 溶液里所含溶质的克数。

计算公式：质量—体积浓度（g/L）= 溶质质量（g）/ 溶液体积（L）

例 1　100 g 柠檬酸溶于水溶液至 10 L，问 1 L 的浓度是多少？

计算：100 g/10 L=10 g/L

例 2　欲配制 0.5 g/L 的咖啡因溶液 0.5 L，问应如何配制？

第一步：计算咖啡因的质量。

咖啡因的质量（g）=0.5 g/L × 0.5 L=0.25 g

第二步：配制溶液。称取咖啡因 0.25 g，溶解并定容至 0.5 L。

五、四种基本味的察觉阈实验

味觉识别是味觉的定性认识，阈值实验才是味觉的定量认识。

制备一种呈味物质（蔗糖、氯化钠、柠檬酸或咖啡因）一系列浓度的水溶液，见表 1—2—3，然后按浓度递增的顺序依次品尝，以确定这种味道的察觉阈。

表 1—2—3　　四种基本味道的察觉阈

蔗糖浓度（g/100 mL）（甜）	氯化钠浓度（g/100 mL）（咸）	柠檬酸浓度（g/100 mL）（酸）	咖啡因浓度（g/100 mL）（苦）
0.00	0.00	0.000	0.000
0.05	0.02	0.005	0.003
0.1	0.04	0.010	<u>0.004</u>
0.2	0.06	0.013	0.005
<u>0.3</u>	0.08	0.015	0.006
0.4	0.10	0.018	0.008
0.5	<u>0.13</u>	0.020	0.010
0.6	0.15	0.025	0.015
0.8	0.18	0.030	0.020
1.0	0.20	0.035	0.030

注：带有下划线的数据为平均阈值。

【任务实施】

建议在实际教学中将学生分为两组，一组做实验准备，另一组做实验，然后将两组对换。

一、四种基本味的识别实验

1. 实验准备

配图	操作步骤	注意事项
	1. 实验用品 12 个试液杯、漱口杯、吐液杯、托盘、笔、实验记录表	
	2. 实验仪器 容量瓶 250 mL（4 个）、500 mL（12 个）；烧杯 50 mL（12 个）、100 mL（1 个）、500 mL（1 个）；移液管 5 mL、10 mL、20 mL、50 mL 各两支；量筒 25 mL（1 个）、50 mL（1 个）；电子天平、洗瓶、滴管、吸球、漏斗、样品勺	
	3. 试剂 水，0.4 g/100 mL、0.6 g/100 mL 蔗糖使用液，0.08 g/100 mL、0.15 g/100 mL 氯化钠使用液，0.02 g/100 mL、0.03 g/100 mL、0.04 g/100 mL 柠檬酸使用液，0.000 05 g/100 mL、0.000 2 g/100 mL、0.000 4 g/100 mL、0.000 8 g/100mL 硫酸奎宁使用液，按表 1—2—2 配制四种基本味使用液	（1）水要求无色、无味、无臭、无泡沫、中性、纯度接近蒸馏水 （2）先按表 1—2—1 配制标准储备液 （3）蔗糖溶液在实验前几小时配制 （4）试剂均为分析纯

续表

配图	操作步骤	注意事项
	4. 编号 用随机编号法给 12 个试液杯（50 mL 烧杯）编号（三位数）	
	5. 将水、四种基本味觉试液各 30 mL 放入编好号的试液杯中	水、试液温度最好为 20 ~ 40℃
	6. 试液呈送 将 12 杯试液码放在白瓷盘中，试液以随机顺序从左到右排列，呈送给品评人员。给每位品评人员准备两组试液	样品以随机数编号，无论哪种组合，各种浓度的实验溶液都应被品评过，浓度顺序应从低浓度逐步到高浓度
	7. 记录 将样品种类、浓度、编号记录在样品准备表中，见表 1—2—4	此表由实验准备组填写

表 1—2—4　　四种基本味觉训练实验准备表

编号：________　评价员：________　实验日期：________

第一次	物质	浓度	试液编号	第二次	浓度	试液编号
1 2 3 ⋮ 12				1 2 3 ⋮ 12		

2. 味觉识别实验

配图	操作步骤	注意事项
	1. 先用清水漱口	（1）水温约为40℃ （2）每次品尝后，用水漱口，等待1 min后再品尝下一杯试液
	2. 喝一小口试液含于口中，并做口腔运动，使试液接触到整个舌头，辨别味道后，将试液吐到吐液杯中，用清水漱口	舌头上各部位对各种味觉的敏感程度不同，因此，要让试液接触到整个舌头
	3. 记录 将实验结果记录在实验记录表中，见表1—2—5	（1）当实验人员肯定其味觉判断时，用“酸、甜、苦、咸”表示；犹豫不决时，用“？”表示；低于其辨别能力时，用“0”表示 （2）此表由实验组填写
	4. 更换试液，重复上述实验步骤	

表 1—2—5　　四种基本味觉训练实验记录表

编号：________　　评价员：________　　实验日期：________

班级		姓名		实验日期	
第一次	试液编号	味觉	第二次	试液编号	味觉
1 2 3 ⋮ 12			1 2 3 ⋮ 12		

二、咸味阈值的测定

1. 实验准备

配图	操作步骤	注意事项
	1. 实验用品 9个试液杯、漱口杯、吐液杯、托盘、笔、实验记录表	
	2. 实验仪器 容量瓶250 mL（1个）、100 mL（9个）；烧杯50 mL（9个）、100 mL（1个）；移液管5 mL（1支）、10 mL（2支）、20 mL（4支）、50 mL（2支）；试液杯（22个）；电子天平、洗瓶、滴管、吸球、漏斗、样品勺、玻璃棒	
	3. 氯化钠样品	分析纯

续表

配图	操作步骤	注意事项
	4. 配制标准储备液 称取氯化钠 25 g，溶解并定容至 250 mL，配成质量浓度为 10 g/100 mL 的溶液	（1）水要求无色、无味、无臭、无泡沫、中性、纯度接近蒸馏水 （2）试剂均为分析纯
	5. 配制试液 分别移取氯化钠储备液 0.0、1.0、2.0、3.0、4.0、5.0、6.0、7.0、8.0、9.0、10.0 mL，稀释并定容至 500 mL，配成质量浓度为 0.00、0.02、0.04、0.06、0.08、0.10、0.12、0.14、0.16、0.18、0.20 g/100 mL 的系列试液。将试液倒入试液杯中（约 15 mL）	（1）浓度由低到高依次倒入，顺序不能乱 （2）试剂均为分析纯
	6. 编号 用随机编号法给 11 个试液杯编号（三位数）	按浓度由低到高的顺序用随机数编号
	7. 试液呈送 将试液按浓度由低到高的顺序从左到右、从上到下码放到托盘中，呈送给品评人员	
	8. 记录 将样品种类、浓度、试液编号记录在样品准备表中，见表 1—2—6（一式两份，供平行实验用）	此表由实验准备组填写

表 1—2—6　　咸味味阈实验准备表

编号：________　评价员：________　实验日期：________

物质	氯化钠										
序号	1	2	3	4	5	6	7	8	9	10	11
浓度											
试液编号											

2. 味阈实验

配图	操作步骤	注意事项
	1. 先用清水漱口	（1）水温约为 40℃ （2）每次品尝后，用水漱口，等待 1 min 后再品尝下一杯试液
	2. 将一小口试液含于口中，并做口腔运动，使试液接触到整个舌头，辨别味道后，将试液吐到吐液杯中，用清水漱口	（1）舌头上各部位对各种味觉的敏感程度不同，因此，要让试液接触到整个舌头 （2）每个试液只许品尝一次，并注意切勿吞下试液
	3. 记录 对试液的味道进行描述，并记录在实验记录表中，见表 1—2—7	（1）描述试液味道时可选用下列味觉强度： 0——无味感，或味道如水 1——不同于水，但不能明确辨别出某种味觉 2——开始有味感，但很弱 3——味感比较弱 4——有明显的味感 5——有比较强烈的味感 6——有很强烈的味感 （2）此表由实验组填写
	4. 更换试液，重复上述实验步骤（做两次平行实验）	

表 1—2—7　　咸味味阈实验记录表

编号：________　评价员：________　实验日期：________

序号	样品编号	味觉	强度
水		0	0
1	234	0	0
2	326	咸	2
⋮	⋮		
察觉阈值：			

三、其他味阈实验

依照咸味阈值测定实验，依次做蔗糖（甜味）、柠檬酸（酸味）、咖啡因（苦味）阈值测定实验。

提示：

1. 根据表 1—2—1 配制三种基本味储备液。

2. 配制三种基本味试液，见表 1—2—8。

表 1—2—8　　三种基本味试液的制备

试液	成分		试液浓度（g/L）				
	储备液（mL）	水（mL）	酸		苦		甜
			酒石酸	柠檬酸	盐酸奎宁	咖啡因	蔗糖
1	250	稀释至 1 000 mL	0.50	0.250	0.005 0	0.050	8.0
2	225		0.45	0.225	0.004 5	0.045	7.2
3	200		0.40	0.200	0.004 0	0.040	6.4
4	175		0.35	0.175	0.003 5	0.035	5.6
5	150		0.30	0.150	0.003 0	0.030	4.8
6	125		0.25	0.125	0.002 5	0.025	4.0
7	100		0.20	0.100	0.002 0	0.020	3.2
8	75		0.15	0.075	0.001 5	0.015	2.4
9	50		0.10	0.050	0.001 0	0.010	1.6

3. 依照咸味阈值测定实验方法，测定甜味、酸味和苦味阈值。每种味觉做两次平行实验。

4. 根据实验结果，初步得出个人对三种基本味觉的察觉阈值。

【考核评价】

素质	内容 学习目标	评价项目	评价		
			个人评价30%	小组评价30%	教师评价40%
知识（20分）	应知	1. 知道样品制备的要求 2. 知道随机编号的方法			
专业能力（60分）	准备工作（30分）	1. 仪器、用品的准备符合操作标准和要求 2. 溶液配制操作熟练，浓度准确 3. 能用随机数给样品编号并能正确呈送样品			
	味阈实验（20分）	1. 能用正确的味道品评方法对样品进行品评 2. 能识别四种基本味道，并用适当的符号表示味觉结果 3. 能确定自己对四种基本味觉的味阈 4. 样品记录翔实，字迹工整，准确无误			
	遵守安全、卫生要求（10分）	1. 遵守实验室安全规范 2. 遵守实验室卫生规范			
通用能力（10分）	动作协调能力（5分）	动作灵活、准确，双手配合协调			
	与人合作能力（5分）	1. 与同学互相配合，团结互助 2. 与同学沟通顺畅			
态度（10分）	认真、细致、勤劳	实验操作规范，仪器摆放整齐，仪器清洗符合要求			
总分					
平均分					

【思考与练习】

1. 将 0.1 g 盐酸奎宁（二水化合物）溶于水，得到 5 L 溶液，问 1 L 这种溶液的浓度是多少？

2. 如何用 3 g/L 的氯化钠溶液配制成 250 mL 1.5 g/L 的氯化钠溶液？

3. 四种基本味觉的代表成分分别是什么物质？

4. 为确保实验的准确性，在准备样品和品尝样品时应注意哪些问题？

5. 实训题

两人一组完成下列实验：选酒石酸（酸味）和盐酸奎宁（苦味）中的一种做基本味觉的味阈实验。一人做准备，另一人做实验，然后两人对换。

提示：酒石酸和盐酸奎宁储备液的配制见表 1—2—1，酒石酸和盐酸奎宁稀释液的配制见表 1—2—8。

任务3 嗅觉辨别实验

【学习目标】

1. 学会辨别气味的基本方法。

2. 能辨别出所嗅气味，并对所嗅气味进行简单描述。

3. 阅读操作提示，以小组合作方式，对几种食醋的气味进行评价，并判断其质量优劣。

【任务引入】

在食品生产、检验和鉴定方面，嗅觉起着重要作用，这一作用在许多方面是无法用仪器和理化检验来替代的。本任务将通过实验测试感官检验员的嗅觉敏感程度。

【任务分析】

能否准确辨别相应物质的气味，是选拔和培训感官检验员的基本要求。每个人的嗅觉敏感度是不同的，并且嗅觉敏感度是可以通过训练提高的。本任务提供了10种不同气味的物质，感官检验员需正确利用气味辨别的方法，使用专业用语对所嗅气味进行简单描述，并判断出食品的种类。

【相关知识】

嗅觉是一种基本感觉。它是指呈味的气体物质进入鼻腔，对嗅觉细胞加以刺激而产生的感觉。引起嗅觉的刺激物必须具有挥发性及可溶性，否则不能刺激鼻黏膜，也就无法引起嗅觉。

嗅觉实验最简单的方法就是把盛有嗅味物的小瓶置于鼻子附近，用手掌在瓶口上方轻轻扇动，然后轻轻地吸气，让嗅味物气体刺激鼻中嗅觉细胞，产生嗅觉。在两次实验之间以新鲜空气作为稀释气体，使鼻内嗅觉气体浓度迅速下降。

嗅觉器官容易产生疲劳现象，因此，在进行嗅觉评价时，应按气味从淡到浓的顺序进行，且检验的数量及延续的时间应尽量缩减并间断进行。

【任务实施】

将学生分为两组，一组做实验准备，另一组做嗅觉实验，然后将两组对换。

一、实验准备

配图	操作方法	注意事项
	1. 实验用品 10个深棕色小玻璃瓶、2支5 mL移液管、小托盘、笔、实验记录表	所用仪器必须清洗干净且无味
	2. 试样 无水乙醇、柠檬油、橘子油、薄荷油、丁酸丁酯、红糖、五香粉、胡椒粉、咖喱粉、茶叶、芥末粉	
	3. 编号 将棕色瓶用随机数编号	
	4. 试样制备 分别吸取柠檬油、橘子油、薄荷油、丁酸丁酯各1 mL置于棕色瓶中，再加5 mL无水乙醇，摇匀；取适量红糖、五香粉、胡椒粉、咖喱粉、茶叶、芥末粉分别放入棕色瓶中	
	5. 记录 将样品名称和试剂瓶上的编号记录在准备表中，见表1—3—1	此表由实验准备组人员填写

续表

配图	操作方法	注意事项
	6. 试样呈送 将盛有以上10种试样的棕色瓶放入小托盘中。呈送给品评人员。给每位品评人员准备两组试样	按气味由淡到浓的顺序码放

表1—3—1　　嗅觉实验准备表

编号：＿＿＿＿＿＿　实验员：＿＿＿＿＿＿　实验日期：＿＿＿＿＿＿

试样										
编号										

二、嗅觉实验

配图	操作方法	注意事项
	1. 从左至右取第一个试剂瓶，打开瓶盖，使瓶口接近鼻子，用手在瓶口轻轻往鼻子方向扇动，轻轻吸气辨别逸出的气味	为避免嗅觉疲劳，应限制样品实验的次数，尽可能一次辨别出气味
	2. 记录试样编号，见表1—3—2，描述气味，并根据气味辨别出食品名称	（1）气味的描述，如柠檬油可描述为橘子皮、柠檬气味；丁酸丁酯可描述为香蕉、水果香气等 （2）此表由实验组人员填写
	3. 更换试样，重复上述实验步骤，记录实验结果	

表 1—3—2　　　　嗅觉实验记录表

编号：＿＿＿＿＿＿＿＿　评价员：＿＿＿＿＿＿＿＿　实验日期：＿＿＿＿＿＿＿＿

第一次			第二次		
试样编号	气味描述	推断试样	试样编号	气味描述	推断试样

【考核评价】

素质	内容 学习目标	评价项目	评价 个人评价30%	 小组评价30%	 教师评价40%
知识（20分）	应知	1. 知道什么是嗅觉 2. 知道嗅觉检验的方法和要求			
专业能力（60分）	准备工作（20分）	1. 仪器、用品的准备符合操作标准和要求 2. 能熟练使用随机数给样品编号并确定呈送顺序			
	嗅觉实验（30分）	1. 气味辨别方法正确 2. 气味描述记录用词恰当 3. 试样结果判断准确			
	遵守安全、卫生要求（10分）	1. 遵守实验室安全规范 2. 遵守实验室卫生规范			
通用能力（10分）	动作协调能力（5分）	动作灵活、准确，双手配合协调			
	语言表达能力（5分）	用专业语言对所嗅气味进行简单描述			
态度（10分）	认真、细致、勤劳	实验态度认真，实验记录清楚、完整、准确			
总分					
平均分					

【思考与练习】

1. 在嗅觉检验中，如何避免产生嗅觉疲劳现象？

2. 对实验室准备的几种食醋进行气味评价，判断它们质量的优劣。

（1）请写出操作步骤。

（2）设计实验记录表，并将判断结果填写在实验记录表中。

提示：

1）进行食醋气味的感官评价时，将样品置于容器内并震荡，去塞后立即嗅闻。

2）优质食醋具有食醋固有的气味和醋酸气味，无其他异味；次质食醋香气正常或稍淡，微有异味；劣质食醋则失去了固有的香气，具有酸臭味、霉味或其他不良气味。

项目二

食品标签的检验

【先导知识】

食品标签是沟通食品生产者、销售者和消费者的一种信息传播手段。食品生产企业通过食品标签向消费者提供产品信息和承诺；消费者通过食品标签标注的内容可以识别食品质量和特征、保护自我卫生安全及指导自己的消费；有关行政管理部门可以根据食品标签上提供的信息确认该食品是否符合有关法律、法规的要求，保护广大消费者的健康和利益，维护食品生产者、销售者的合法权益。因此，食品标签的检验是食品检验的重要环节。

食品标签是指预包装食品容器上的文字、图形、符号以及一切说明物，如图 2—0—1 所示。预包装食品是指预先包装于容器中，以备交付给消费者的食品。

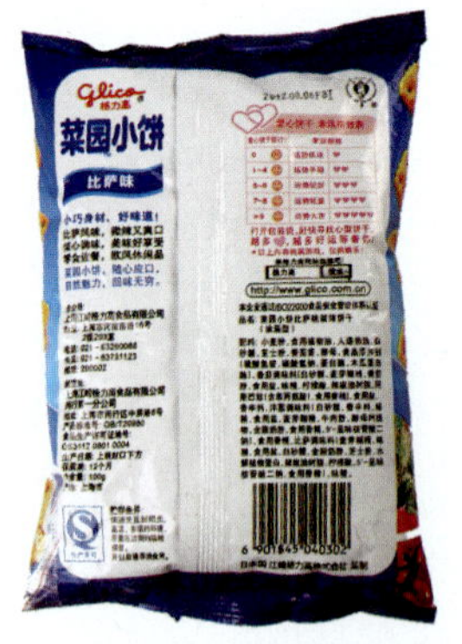

图 2—0—1　几种食品包装

一、食品标签的基本要求

1. 应符合法律、法规的规定，并符合相应食品安全标准的规定。
2. 应清晰、醒目、持久，应使消费者购买时易于辨认和识读。

3. 应通俗易懂且有科学依据，不得标注封建迷信、色情、贬低其他食品或违背营养科学常识的内容。

4. 应真实、准确，不得以虚假、夸大或欺骗性的文字、图形等方式介绍食品，也不得利用字号大小或色差误导消费者。

5. 不应直接或以暗示性的语言、图形、符号误导消费者将所购买的食品或食品的某一性质与另一产品混淆。

6. 不应标注或者暗示具有预防、治疗疾病作用的内容，非保健食品不得明示或者暗示具有保健作用。

7. 不应与食品或者其包装物（容器）分离。

8. 应使用规范的汉字（商标除外）。具有装饰作用的各种艺术字应书写正确，易于辨认。

（1）可以同时使用拼音或少数民族文字，但拼音不得大于相应汉字。

（2）可以同时使用外文，但应与中文有对应关系（商标、进口食品的制造者和地址、国外经销者的名称和地址、网址除外）。所有外文不得大于相应的汉字（商标除外）。

9. 预包装食品包装物或包装容器最大表面积大于 35 cm^2 时（最大表面积计算方法见 GB 7718—2011 附录 A），强制标注内容的文字、符号、数字的高度不得小于 1.8 mm。

10. 一个销售单元的包装中含有不同品种、多个独立包装的可单独销售的食品时，每件独立包装的食品标志应当分别标注。

11. 若外包装易于开启识别或透过外包装物能清晰地识别内包装物（容器）上的所有强制标注内容或部分强制标注内容，可不在外包装物上重复标注相应的内容；否则，应在外包装物上按要求标注所有强制标注内容。

二、食品标签的内容

根据《预包装食品标签通则》（GB 7718—2011），食品标签分为强制标注内容和推荐标注内容。

1. 强制标注内容

直接向消费者提供的预包装食品标签强制标注内容包括：食品名称、配料表、净含量和规格、生产者和（或）经销者的名称、地址和联系方式、生产日期和保质期、储存条件、食品生产许可证编号、产品标准代号及其他需要标注的内容。

（1）食品名称

1）应在食品标签的醒目位置清晰地标注反映食品真实属性的专用名称。

2）标注“新创名称”“奇特名称”“音译名称”“牌号名称”“地区俚语名称”或“商标名称”时，应在所示名称的同一展示版面标注第 1）条中规定的名称。

3）为不使消费者误解或混淆食品的真实属性、物理状态或制作方法，可以在食品名称前或食品名称后附加相应的词或短语，如干燥的、浓缩的、复原的、熏制的、油炸的、粉末的、粒状的等。

（2）配料表

1）配料表应以“配料”或“配料表”为引导词。当加工过程中所用的原料已改变为其他成分（如酒、酱油、食醋等发酵产品）时，可用“原料”或“原料与辅料”代替“配料”及“配料表”，并按本标准相应条款的要求标注各种原料、辅料和食品添加剂。加工助剂不需要标注。

2）各种配料应按制造或加工食品时加入量的递减顺序一一排列；加入量不超过 2% 的配料可以不按递减顺序排列。

3）如果某种配料是由两种或两种以上的其他配料构成的复合配料（不包括复合食品添加剂），应在配料表中标注复合配料的名称，随后将复合配料的原始配料在括号内按加入量的递减顺序标注。

4）食品添加剂应当用在 GB 2760—2011《食品安全国家标准　食品添加剂使用标准》中的食品添加剂通用名称标注。

5）在食品制造或加工过程中，加入的水应在配料表中标注。在加工过程中已挥发的水或其他挥发性配料不需要标注。

6）可食用的包装物也应在配料表中标注原始配料，国家另有法律、法规规定的除外。

（3）净含量和规格

1）净含量的标注应由净含量、数字和法定计量单位组成（标注形式参见 GB 7718—2011 附录 C）。

2）应依据法定计量单位，按以下形式标注包装物（容器）中食品的净含量：

①液态食品，用体积升（L）、毫升（mL），或用质量克（g）、千克（kg）标注。

②固态食品，用质量克（g）、千克（kg）标注。

③半固态或黏性食品，用质量克（g）、千克（kg）或体积升（L）、毫升（mL）标注。

3）净含量应与食品名称在包装物或容器的同一展示版面标注。

4）容器中含有固、液两相物质的食品，且固相物质为主要食品配料时，除标注净含量外，还应以质量或质量分数的形式标注沥干物（固形物）的含量（标注形式参见 GB 7718—2011 附录 C）。

5）同一预包装内含有多个单件预包装食品时，大包装在标注净含量的同时还应标注规格。

6)规格的标注应由单件预包装食品净含量和件数组成，或只标注件数，可不标注“规格”二字。单件预包装食品的规格即净含量（标注形式参见 GB 7718—2011 附录 C）。

（4）生产者和（或）经销者的名称、地址和联系方式

1）应当标注生产者的名称、地址和联系方式。生产者名称和地址应当是依法登记注册、能够承担产品安全质量责任的生产者的名称、地址。

2）依法承担法律责任的生产者或经销者的联系方式应标注以下至少一项内容：电话、传真、网络联系方式等，或与地址一并标注的邮政地址。

3）进口预包装食品应标注原产国国名或地区区名（如中国香港、澳门、台湾），以及在中国依法登记注册的代理商、进口商或经销者的名称、地址和联系方式，可不标注生产者的名称、地址和联系方式。

（5）生产日期和保质期

1)应清晰标注预包装食品的生产日期和保质期。如日期标注采用“见包装物某部位”的形式，应标注所在包装物的具体部位。日期标志不得另外加贴、补印或篡改（标注形式参见 GB 7718—2011 附录 C）。

2）当同一预包装内含有多个标注了生产日期及保质期的单件预包装食品时，外包装上标注的保质期应按最早到期的单件食品的保质期计算。外包装上标注的生产日期应为最早生产的单件食品的生产日期，或外包装形成销售单元的日期；也可在外包装上分别标注各单件装食品的生产日期和保质期。

3）应按年、月、日的顺序标注日期，如不按此顺序标注，应注明日期标注顺序（标注形式参见 GB 7718—2011 附录 C）。

（6）储存条件。预包装食品标签应标注储存条件（标注形式参见 GB 7718—2011 附录 C）。

（7）食品生产许可证编号。预包装食品标签应标注食品生产许可证编号，标注形式按照相关规定执行。

（8）产品标准代号。在国内生产并在国内销售的预包装食品（不包括进口预包装食品）应标注产品所执行的标准代号。

（9）其他标注内容

1）辐照食品。经电离辐射线或电离能量处理过的食品，应在食品名称附近标注“辐照食品”。经电离辐射线或电离能量处理过的任何配料，应在配料表中标明。辐照食品标志如图 2—0—2 所示。

2）转基因食品的标注应符合相关法律、法规的规定。转基因食品标注范例如图 2—0—3 所示。

图 2—0—2　辐照食品标志

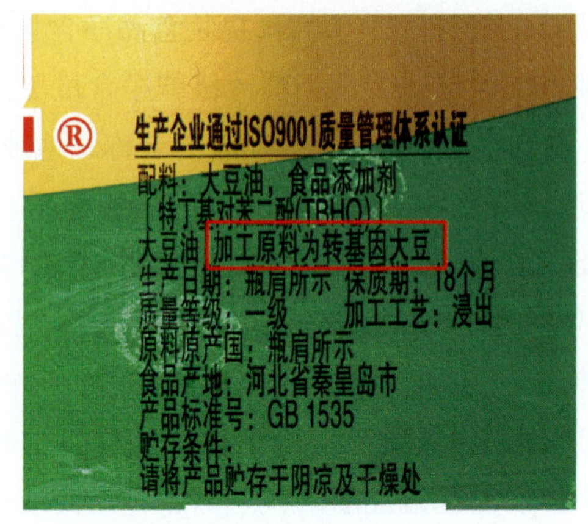

图 2—0—3　转基因食品标注范例

3）营养标签。特殊膳食类食品和专供婴幼儿的主辅类食品，应当标注主要营养成分及其含量，标注方式按照 GB 28050—2011 中的标准执行。

4）质量（品质）等级。食品所执行的相应产品标准已明确规定质量（品质）等级的，应标注质量（品质）等级。

2. 推荐标注内容

直接向消费者提供的预包装食品标签推荐标注内容包括批号、食用方法、致敏物质等。具体内容及相关规定见表 2—0—1。

表 2—0—1　　食品标签推荐标注内容及相关规定

食品标签推荐标注内容	含义、相关规定
批号	根据产品需要，可以标注产品的批号
食用方法	根据产品需要，可以标注容器的开启方法、食用方法、烹调方法、复水再制方法等对消费者有帮助的说明
致敏物质	1. 以下食品及其制品可能导致过敏反应，如果用作配料，宜在配料表中使用易辨识的名称，或在配料表邻近位置加以提示： ①含有麸质的谷物及其制品（如小麦、黑麦、大麦、燕麦、斯佩耳特小麦或它们的杂交品系）；②甲壳纲类动物及其制品（如虾、龙虾、蟹等）；③鱼类及其制品；④蛋类及其制品；⑤花生及其制品；⑥大豆及其制品；⑦乳及乳制品（包括乳糖）；⑧坚果及其果仁类制品 2. 如加工过程中可能带入上述食品或其制品，宜在配料表邻近位置加以提示
其他	按国家相关规定需要特殊审批的食品，其标签标志按照相关规定执行

致敏物质标注范例如图 2—0—4 所示。

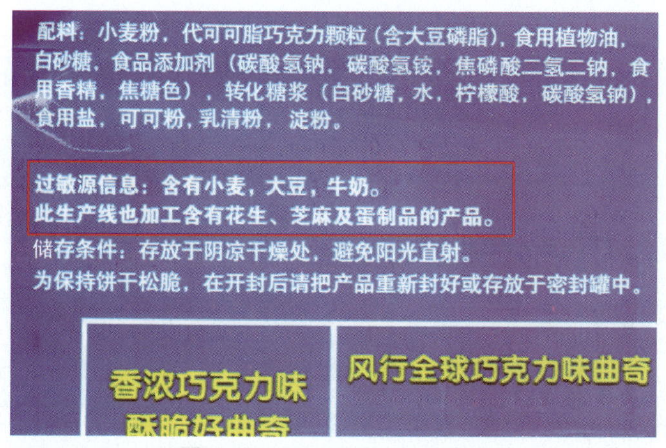

图 2—0—4 致敏物质标注范例

三、食品营养标签的组成

从 2013 年 1 月 1 日起，预包装食品必须标注食品营养标签，且营养标签必须符合 GB 28050—2011《预包装食品营养标签通则》的规定。食品营养标签是向消费者提供食品营养信息和特性的说明，也是消费者直观了解食品营养成分、特征的有效方式。营养标签标准是食品安全国家标准，属于强制执行的标准。

食品营养标签是指预包装食品标签上向消费者提供食品营养信息和特性的说明，包括营养成分表、营养声称和营养成分功能声称。营养标签是预包装食品标签的一部分。

1. 营养成分表

营养成分表是标注食品中能量和营养成分的名称、含量及其占营养素参考值（*NRV*）百分比的规范性表格。由表头、营养成分名称、含量、营养素参考值和方框 5 个基本要素组成。某蛋黄派营养标签如图 2—0—5 所示。

营养成分表 每份:23克(1枚)

项目	每份	营养素参考值%
能量	432 千焦	5%
蛋白质	1.4 克	2%
脂肪	5.8 克	10%
-反式脂肪	0 克	
碳水化合物	11.3 克	4%
钠	45 毫克	2%

图 2—0—5 某蛋黄派营养标签

营养成分表的基本要素、内容及说明见表 2—0—2。

表 2—0—2　　营养成分表的基本要素、内容及说明

基本要素	内容	说明
表头	以"营养成分表"作为表头	
营养成分名称	核心营养素（蛋白质、脂肪、碳水化合物、钠）必须标注 其他营养素：企业可自愿标注	1. 使用了营养强化剂的预包装食品，在营养成分表中还应标注强化后食品中该营养成分的含量值及其占营养素参考值（*NRV*）的百分比 2. 使用了氢化和（或）部分氢化油脂时，在营养成分表中还应标注出反式脂肪（酸）的含量
能量和营养成分的含量	以每 100 克（g）和（或）每 100 毫升（mL）和（或）每份食品可食用部分的具体数值来标注	1. 能量、4 种核心营养素为强制标注内容 2. 含量必须用具体数值标注，不能用数值范围表示，如 4 ~ 6 等
营养素参考值	营养素参考值（*NRV*）百分比	
方框	采用表格或相应形式	

2. 营养声称

营养声称是指对食物营养特性的描述和声明，包括含量声称和比较声称。营养声称必须满足 GB 28050—2011《食品安全国家标准　预包装食品营养标签通则》附录 C 的规定。

3. 营养成分功能声称

当某营养成分的含量标注值符合含量声称或比较声称的要求和条件时，可使用《食品安全国家标准　预包装食品营养标签通则》附录 D 中相应的一条或多条营养成分功能声称标准用语。不应对功能声称用语进行任何形式的删改、添加和合并。

4. 营养标签实例

某酥性饼干营养成分标签如图 2—0—6 所示。

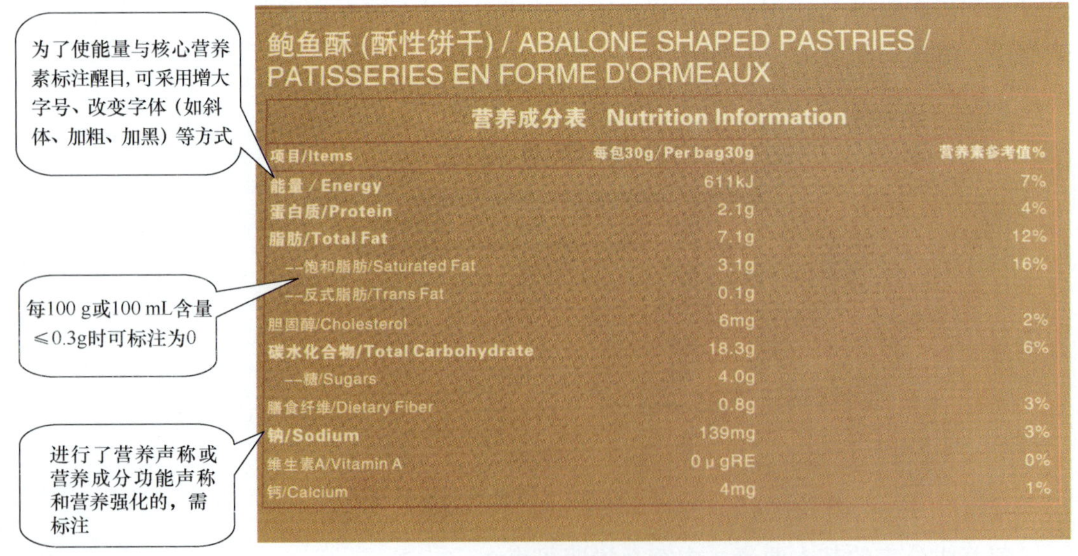

鲍鱼酥 (酥性饼干) / ABALONE SHAPED PASTRIES / PATISSERIES EN FORME D'ORMEAUX

营养成分表　Nutrition Information

项目/Items	每包30g/Per bag30g	营养素参考值%
能量 / Energy	611kJ	7%
蛋白质/Protein	2.1g	4%
脂肪/Total Fat	7.1g	12%
--饱和脂肪/Saturated Fat	3.1g	16%
--反式脂肪/Trans Fat	0.1g	
胆固醇/Cholesterol	6mg	2%
碳水化合物/Total Carbohydrate	18.3g	6%
—糖/Sugars	4.0g	
膳食纤维/Dietary Fiber	0.8g	3%
钠/Sodium	139mg	3%
维生素A/Vitamin A	0 μ gRE	0%
钙/Calcium	4mg	1%

图 2—0—6　某酥性饼干营养成分标签

四、食品添加剂在配料表中的标注

食品添加剂在配料表中的标注应符合国家标准 GB 7718—2011《食品安全国家标准　预包装食品标签通则》附录 B“食品添加剂在配料表中的标注形式”的规定。

1. 一般原则

直接使用的食品添加剂应在食品添加剂项中标注。营养强化剂、食用香精和香料、胶基糖果中基础剂物质可在配料表的食品添加剂项外标注。非直接使用的食品添加剂不在食品添加剂项中标注。食品添加剂项在配料表中的标注顺序由需纳入该项的各种食品添加剂的总质量决定。

2. 标注形式

一般按照食品添加剂加入量的递减顺序采取以下三种形式进行标注：

（1）全部标注食品添加剂的具体名称。例如，配料：水、全脂奶粉、稀奶油、植物油、巧克力（可可液块、白砂糖、可可脂、磷脂、聚甘油蓖麻醇酯、食用香精、柠檬黄）、葡萄糖浆、食品添加剂（丙二醇脂肪酸酯、卡拉胶、瓜尔胶、胭脂树橙）、麦芽糊精、食用香料。

（2）全部标注食品添加剂的功能类别名称及国际编码。例如，配料：水、全脂奶粉、稀奶油、植物油、巧克力[可可液块、白砂糖、可可脂、乳化剂（322、476）、食用香精、着色剂（102）]、葡萄糖浆、食品添加剂[乳化剂（477）、增稠剂（407、412）、着色剂（160b）]、麦芽糊精、食用香料。

（3）全部标注食品添加剂的功能类别名称及具体名称。例如，配料：水、全脂奶粉、稀奶油、植物油、巧克力[可可液块、白砂糖、可可脂、乳化剂（磷脂、聚甘油蓖麻醇酯）、食用香精、着色剂（柠檬黄）]、葡萄糖浆、食品添加剂[乳化剂（丙二醇脂肪酸酯）、增稠剂（卡拉胶、瓜尔胶）、着色剂（胭脂树橙）]、麦芽糊精、食用香料。

复配食品添加剂标注形式为功能类别名称加具体名称。例如，配料：小麦粉、水、白砂糖、鸡蛋、植物油、盐、酵母、食品添加剂[复配乳化剂（硫酸钙、双乙酰酒石酸单双甘油酯）、山梨酸钾]。

3. 易出现的问题

（1）标注不规范。如只标注食品添加剂（乳化剂、增稠剂、防腐剂等），没有标注具体食品添加剂的名称。

（2）标注不全。如企业为了保护自身的商业秘密（配方），不在产品复配食品添加剂标签上标注具体成分及配比或添加了某种食品添加剂（如糖精）却不标注。

（3）标签不规范。一些企业为了节约成本，没有及时根据新规定更新产品标签，而是通过涂改、另行粘贴的方式使用以前的标签。

（4）标签混乱。个别企业为了谋取不当的利润，故意在标签上利用产品名称、产品功效说明等夸大其词，误导公众，导致食品添加剂标签混乱。

五、食品标签的检验方法

1. 查看标签的内容是否齐全

食品标签必须标注的内容包括：食品名称、配料表、净含量和规格、生产者和（或）经销者的名称、地址和联系方式、生产日期和保质期、储存条件、食品生产许可证编号、产品标准代号及其他需要标注的内容。2013 年 1 月 1 日起，食品标签还要有营养标签，且营养标签应符合国家标准 GB 28050—2011《食品安全国家标准　预包装食品营养标签通则》的要求。

2. 查看是否有 QS 标志

下列 28 类食品必须获得 QS 食品安全认证方可生产：小麦粉、大米、食用植物油、酱油、醋、肉制品、乳制品、饮料、调味品（糖和味精）、方便面、饼干、罐头食品、冷冻饮品、膨化食品、速冻米面制品、糖果制品、茶叶、葡萄酒及果酒、啤酒、黄酒、酱腌菜、蜜饯、炒货、蛋制品、可可制品、咖啡、水产加工品、淀粉及淀粉制品。

3. 查看标签内容是否清晰、完整

食品标签的所有内容应清晰、醒目，易于消费者在选购食品时辨认和识读，不得在流通环节中变得模糊甚至脱落，更不得与包装容器分开。

4. 查看标签内容是否科学规范

食品标签上的语言、文字、图形、符号的使用必须准确、科学，符合《预包装食品标签通则》的要求。标签上必须标注的文字和数字的高度不得小于 1.8 mm；食品标签的汉字必须是合格、规范的汉字，不得使用不规范的简化字和已被淘汰的异体字；可以同时使用汉语拼音，也可以同时使用少数民族文字或外文，但必须与汉字有密切的对应关系，且拼音和外文不得大于相应的汉字；净含量与食品名称必须标注在包装物或包装容器的同一视野，以便于消费者识别和阅读。

5. 查看标签的内容是否真实

食品标签的所有内容不得以错误的、容易引起误解或欺骗性的方式描述或介绍食品。《食品安全法》及相关法律明确规定食品不得加入中草药及其他药物制品；不得使用“疗效食品、滋补食品、宫廷食品、祖传秘方”或其他类似词句；食品不得宣传疗效，不得标注“返老还童、

延年益寿、抗癌治癌、老少皆宜”等虚假内容。有些不合格的食品加工厂，其食品标签上厂址标注不详，厂址只有“×× 省 ×× 地”或干脆只标注“××（国家）出品”，标签上所标注的电话号码和（或）手机号码也无法拨通，这样的食品标签都是无效的。

任务 1　饼干标签的检验

【学习目标】

1. 熟悉饼干食品标签的检验内容。
2. 能按有关标准对饼干的标签进行检验，并判断其标签是否合格。
3. 能利用学习资料，与小组成员合作，对 3 种“蛋黄派”配料中的食品添加剂和营养标签进行检验，并判断是否符合标准。

【任务引入】

饼干是大家非常喜欢的一种食品，市场上饼干的标签花花绿绿，种类繁多，还有许多标注有特殊的成分和功能。如图 2—1—1 所示为两种饼干的标签，作为一名质检人员，应知道如何通过饼干标签的检验来判定该产品是否符合相关的法律、法规和标准。

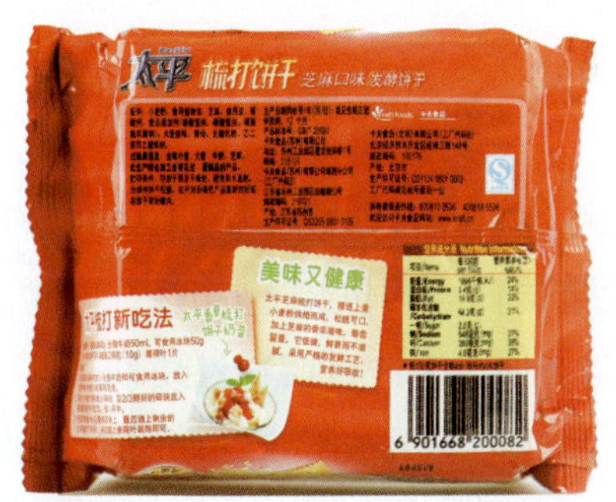

图 2—1—1　两种饼干的标签

【任务分析】

要对饼干的标签进行检验，就要知道什么是饼干，饼干的种类有哪些，并依据 GB 7718—2011《食品安全国家标准　预包装食品标签通则》对其标签标注的内容进行检验；并且其营养标签必须符合（GB 28050—2011）《预包装食品营养标签通则》中的规定。如果饼干中使用了食品添加剂，还要检查其食品添加剂的标注形式是否符合 GB 7718—2011 附录 B“食品添加剂在配料表中的标注形式”的要求。

【相关知识】

一、饼干的概念和分类

饼干是以小麦粉（可添加糯米粉、淀粉等）为主要原料，加入（或不加入）糖、油脂及其他原料，经调粉（或调浆）、成形、烘烤等工艺制成的口感酥松或松脆的食品。饼干的主要原料有小麦粉、淀粉、糖类、油脂（如奶油、人造奶油等）、疏松剂、食盐、乳制品、蛋制品、巧克力制品、可可等。

按加工工艺标准，将饼干产品分成 13 类，包括酥性饼干、发酵饼干、韧性饼干、压缩饼干、曲奇饼干、夹心饼干、威化饼干、蛋圆饼干、蛋卷、煎饼、装饰饼干、水泡饼干和其他饼干。

二、饼干标签标注主要存在的问题

1. 未标注生产日期或保质期，或标注不规范。如用印辊印刷日期。

2. 大包装食品的包装上标明了产地、生产日期和保质期，但分解为小包装后，小包装不标明产地、生产日期和保质期。

3. 食品标签使用不干胶，商家随卖随贴。

4. 无 QS 标志，或标志不规范。主要是假冒伪劣产品存在这一问题。

5. 无食品营养标签。

6. 食品添加剂标注不规范。如只写抗氧化剂，无具体抗氧化剂的名称；或只写代码，却查不到该代码。

【任务实施】

先对其中一款产品实施检验。

<table>
<tr><th>配图</th><th>操作步骤</th><th>注意事项</th></tr>
<tr><td>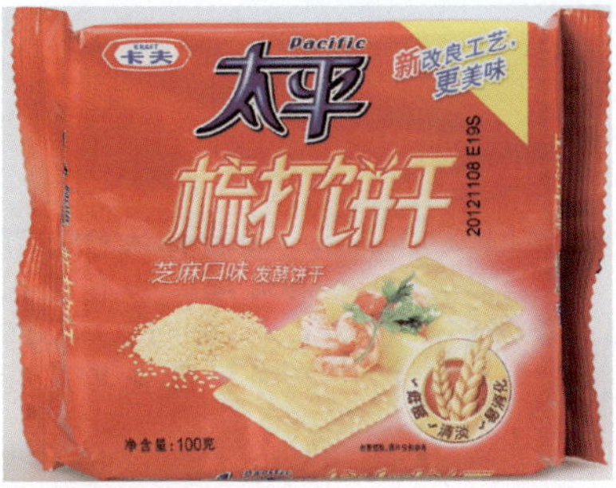
卡夫
Pacific
太平
新改良工艺，更美味
梳打饼干
20121108 E19S
芝麻口味 发酵饼干
净含量：100克</td><td>1. 检验标签内容是否清晰、完整，有无模糊、脱落、假冒伪劣现象</td><td>（1）如出现商标印刷模糊、假冒伪劣现象，为不合格
（2）出现商标残缺、脱落现象，判定该商标不合格</td></tr>
<tr><td>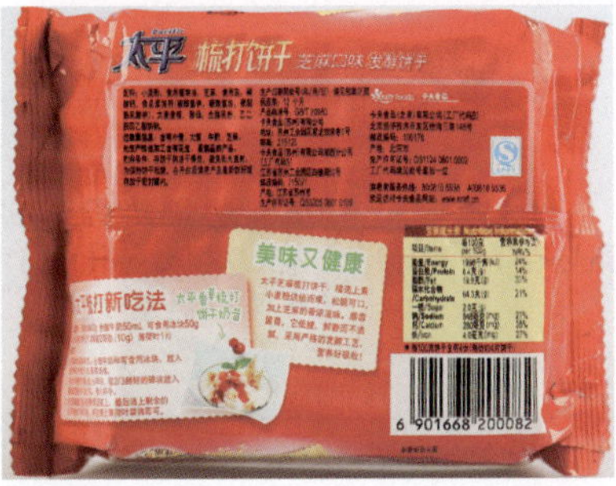
太平 梳打饼干 芝麻口味 发酵饼干
美味又健康
6 901668 200082</td><td>2. 检验标签内容是否齐全</td><td>依照GB 28050—2011《预包装食品营养标签通则》，缺一项即为不合格</td></tr>
<tr><td>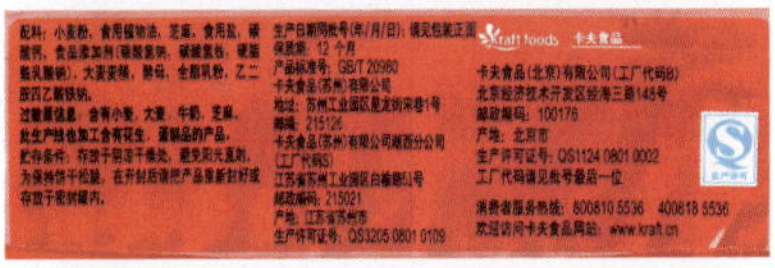</td><td>3. 检验标签内容是否规范</td><td>依照国家GB 7718—2011《食品安全国家标准 预包装食品标签通则》，有一项不合规即为不合格</td></tr>
<tr><td>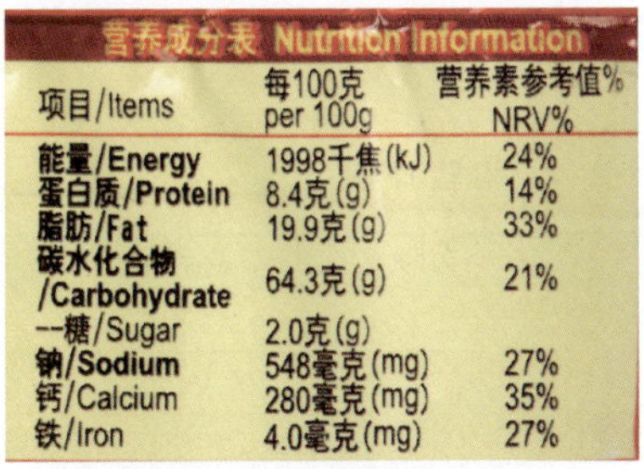
营养成分表 Nutrition Information
项目/Items 每100克 per 100g 营养素参考值% NRV%
能量/Energy 1998千焦(kJ) 24%
蛋白质/Protein 8.4克(g) 14%
脂肪/Fat 19.9克(g) 33%
碳水化合物/Carbohydrate 64.3克(g) 21%
--糖/Sugar 2.0克(g)
钠/Sodium 548毫克(mg) 27%
钙/Calcium 280毫克(mg) 35%
铁/Iron 4.0毫克(mg) 27%</td><td>4. 仔细检查是否有营养标签，且标签内容是否规范</td><td>营养标签符合《预包装食品营养标签通则》（GB 28050—2011）的要求即为合格</td></tr>
<tr><td>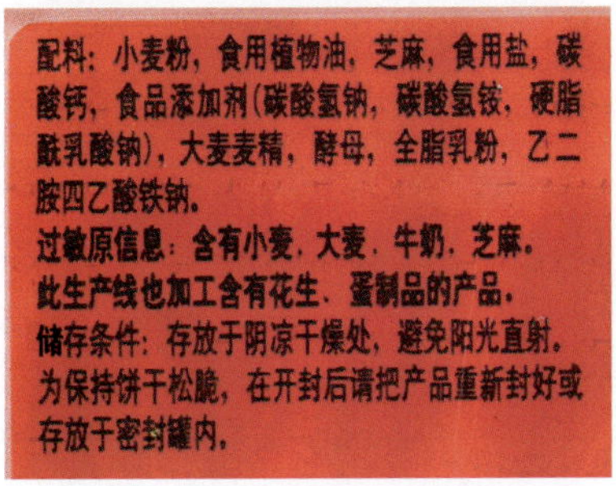
配料：小麦粉，食用植物油，芝麻，食用盐，碳酸钙，食品添加剂（碳酸氢钠，碳酸氢铵，硬脂酰乳酸钠），大麦麦精，酵母，全脂乳粉，乙二胺四乙酸铁钠。
过敏原信息：含有小麦，大麦，牛奶，芝麻。
此生产线也加工含有花生，蛋制品的产品。
储存条件：存放于阴凉干燥处，避免阳光直射。
为保持饼干松脆，在开封后请把产品重新封好或存放于密封罐内。</td><td>5. 仔细检查食品添加剂标注是否规范</td><td>符合GB 7718—2011附录B“食品添加剂在配料表中的标注形式”的要求即为合格</td></tr>
</table>

续表

配图	操作步骤	注意事项
	6. 检查标注内容是否齐全、规范	必须标注QS标志、条形码。如有绿色食品标志、ISO认证标志等，检查其是否规范
	7. 检查标签内容是否真实	如产地、厂名、厂址、电话是否真实，有无虚假宣传等，有一项不符合规定，即为不合格
	8. 记录 将检验结果记录在样品检验记录表中，见表2—1—1	如不合格，请写出具体不合格项的内容

表2—1—1　　饼干标签检验记录表

编号：＿＿＿＿＿＿　　检验员：＿＿＿＿＿＿　　检验日期：＿＿＿＿＿＿

种类	检验项目	是否合格
强制标注内容	食品名称	
	配料表	
	净含量和规格	
	生产者和（或）经销者的名称、地址和联系方式	
	日期标注	
	储存条件	
	食品生产许可证编号	
	产品标准代号	
	营养标签	
	QS标志	
	声称	
	条形码	

续表

种类	检验项目	是否合格
推荐标注内容	批号	
	食用方法	
	致敏物质	
	其他	
检验结果		

填表说明：检验项目合格画“√”，不合格画“×”。检验结果写“合格”或“不合格”。

有一项或一项以上不符合食品标签标准的，判定该食品标签为不合格；反之，判定该食品标签为合格。

按上述方法，对其余饼干的标签进行检验，并按照表 2—1—1 的格式记录检验结果。

【考核评价】

素质	内容 学习目标	评价项目	评价 个人评价 30%	 小组评价 30%	 教师评价 40%
知识（20 分）	应知	1. 知道食品标签的基本要求 2. 知道食品标签的相关标准 3. 知道食品标签、食品营养标签的内容及标注方法 4. 知道食品添加剂在配料表中的标注形式			
专业能力（60 分）	食品标签的检验（30 分）	1. 能按有关标准对标签进行检验 2. 能对检验结果进行正确的判断			
	食品营养标签的检验（10 分）	1. 能按有关标准对营养标签进行检验 2. 能对检验结果进行正确的判断			
	食品添加剂标签的检验（10 分）	1. 能按有关标准对食品添加剂标签进行检验 2. 能对检验结果进行正确的判断			
	遵守安全、卫生要求（10 分）	1. 遵守实验室安全规范 2. 遵守实验室卫生规范			
通用能力（10 分）	动作协调能力（5 分）	眼、脑配合协调，能在标签中迅速找到需要的信息			
	与人合作能力（5 分）	与同学互相配合，团结互助			
态度（10 分）	认真、细致、勤劳	实验态度认真，操作台干净整洁			
总分					
平均分					

【思考与练习】

1. 某膨化食品生产企业生产的一款膨化食品，其标签中配料标注为大米、白砂糖、大豆油、食盐、辣椒粉、蒜粉、花椒、八角、食用香精、着色剂。请判断是否合格，如不合格，请指出存在的问题。

2. 某全麦饼干的标签中部分营养成分的含量标注见表 2—1—2，请判断这种表示方式是否正确，如不正确，请指出存在的问题。

表 2—1—2　　某全麦饼干部分营养成分的含量

营养成分	铁	镁	锌	钙
含量（mg/100 g）	4.5 ~ 5	90 ~ 100	3 ~ 4	280 ~ 300

3. 请从市场上收集三种“蛋黄派”标签，着重对其配料中的食品添加剂和营养标签进行检验，检查其标注是否符合标准。

任务 2　罐装婴儿配方乳粉标签的检验

【学习目标】

1. 熟悉罐装婴儿配方乳粉标签的有关标准。
2. 能对罐装婴儿配方乳粉的标签进行检验。
3. 能查阅相关资料，以小组协作方式，对进口罐装乳粉的标签进行检验，并判断其标签是否合格。

【任务引入】

两种市售罐装婴儿配方乳粉的外包装见表 2—2—1。如何判断它们的标签是否符合相关标准？在对它们进行检验时，应该审查哪些内容？

表 2—2—1 两种罐装婴儿配方乳粉的外包装

标签	正标	右侧标	左侧标
第一种		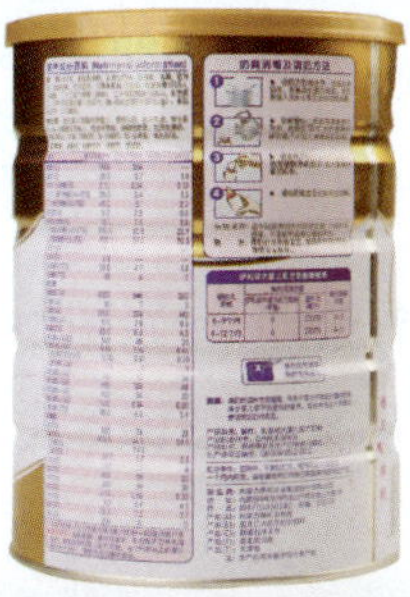	
第二种		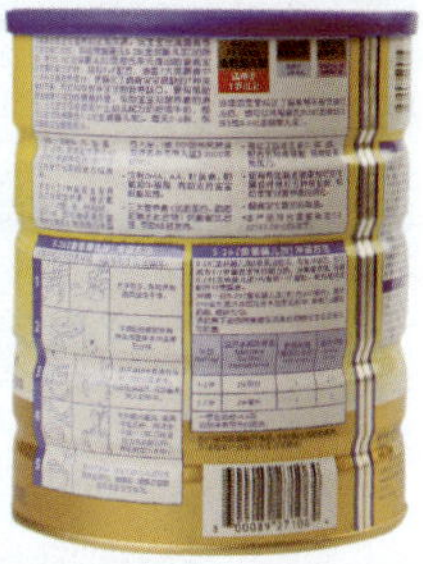	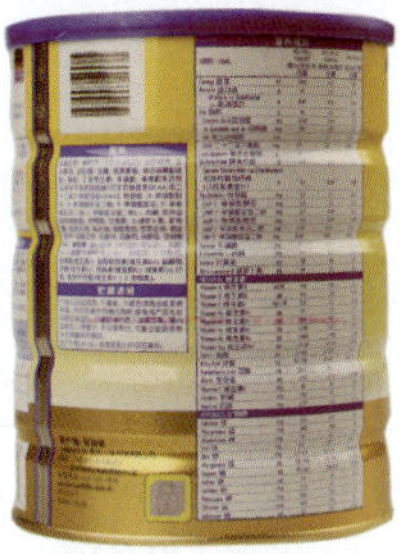

【任务分析】

罐装婴儿配方乳粉标签的检验主要依据 GB 7718—2011《食品安全国家标准 预包装食品标签通则》、GB 10767—2010《食品安全国家标准 较大婴儿和幼儿配方食品》和 GB 13432—2004《预包装特殊膳食用食品标签通则》进行。

【相关知识】

一、罐装婴儿配方乳粉标签的内容

圆桶罐是最广泛的婴儿配方乳粉包装造型，信息标签一般分成三个版面——正面和两侧面。正面包含乳粉名称、类型、分段（数字）、规格等。营养成分表、冲调方式、哺喂说明、生产信息等则会分别标注在两侧面。婴儿配方乳粉标签应符合 GB 7718—2011《食品安全国家标准 预包装食品标签通则》、GB 10767—2010《食品安全国家标准 较大婴儿和幼儿配方食品》和 GB 13432—2004《食品安全国家标准 预包装特殊膳食用食品标签通则》的规定。

婴儿配方乳粉标签必须标注以下内容：食品名称、配料表、热量、营养素（蛋白质、脂肪、碳水化合物、维生素、矿物质）、净含量和规格、生产者和（或）经销者的名称、地址和联系方式、生产日期和保质期、储存条件、使用指南、产地、食品生产许可证编号、产品标准代号、条形码、QS 标志。

婴儿配方乳粉标签中应注明产品的类别、较大婴儿配方食品的属性[如乳基和(或) 豆基产品以及产品状态] 和适用年龄。较大婴儿配方乳粉也应标明“需配合添加辅助食品”。

例如，某婴儿配方乳粉的正标如图 2—2—1 所示，右侧标如图 2—2—2 所示，左侧标如图 2—2—3 所示。罐底标通常包含生产日期、保质期，如图 2—2—4 所示。

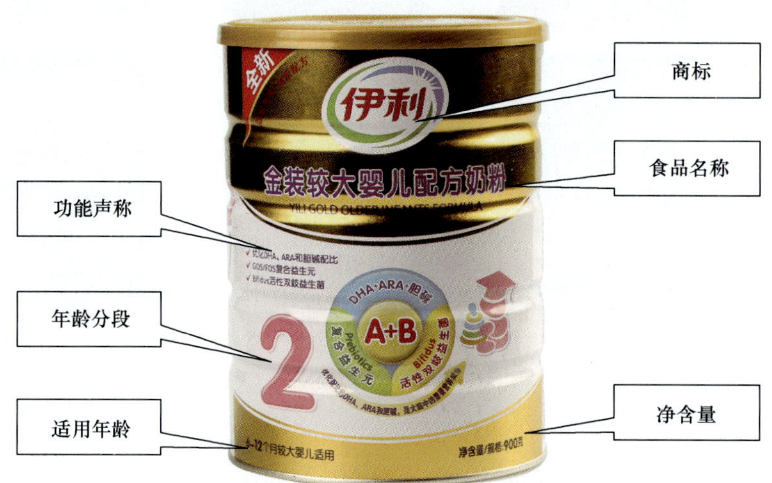

图 2—2—1　某婴儿配方乳粉正标

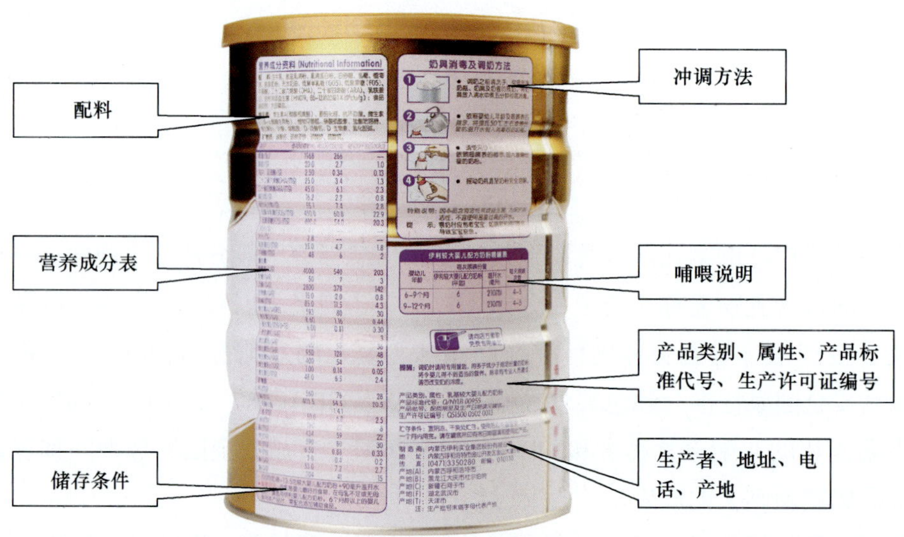

图 2—2—2　某婴儿配方乳粉的右侧标

图 2—2—3　某婴儿配方乳粉的左侧标

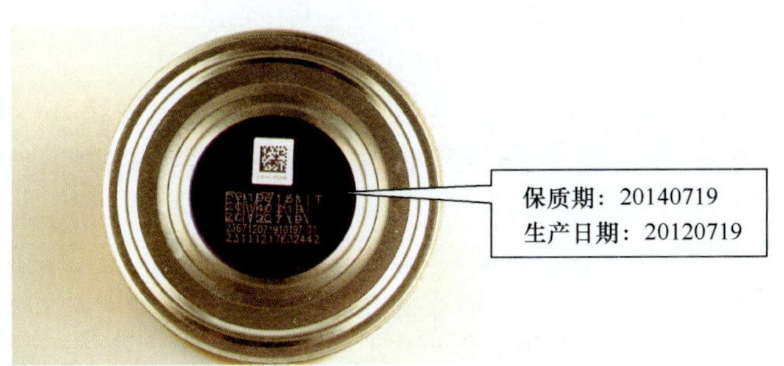

图 2—2—4　某婴儿配方乳粉罐底标

二、对进口乳粉标签的要求

根据《中华人民共和国食品安全法》（简称《食品安全法》）、GB 7718—2011《食品安全国家标准　预包装食品标签通则》及《进出口预包装食品标签检验监督管理规定》中的相关规定，进口的预包装食品应当有中文标签（且标签的内容要与外文内容完全相同）、中文说明书。标签、说明书应当符合《食品安全法》以及我国其他有关法律、行政法规的规定和食品安全国家标准的要求，可以不标注“制造者的名称和地址”及“产品标准号”，但是应该标注食品的原产地以及境内代理商的名称、地址和联系方式。专供婴幼儿和其他特定人群的主辅食品，标签还应当标明主要营养成分及其含量。预包装食品没有中文标签、中文说明书或者标签、说明书不符合本条规定的，不得进口。

【任务实施】

按照以下操作步骤对乳粉标签进行检验，所检验的标签有任意一种或一种以上不合格的，判定该批产品标签不合格；反之，判定该批产品标签合格。

操作步骤	具体要求
1. 检查标签内容是否齐全、规范	依照《预包装食品标签通则》（GB 7718—2011），食品标签必须标注的内容有食品名称、配料表、净含量和规格、生产者和（或）经销者的名称、地址和联系方式、生产日期和保质期、储存条件、食品生产许可证编号、产品标准代号及其他需要标注的内容（如适用年龄、条形码、QS 标志、产地等），且所有内容均应符合《预包装食品标签通则》（GB 7718—2011）的要求 依照《较大婴儿和幼儿配方食品标准》（GB 10767—2010），必需成分必须标注。必需成分包括蛋白质、脂肪、碳水化合物、维生素、矿物质。如在产品中选择性地添加了牛磺酸、二十二碳六烯酸等 GB 10767—2010 中规定的可选择性成分，也应标出。另外，还应标注水分、灰分含量，且所有含量值均应符合 GB 10767—2010 的规定
2. 检查热量和营养素标志是否规范	依照 GB 10767—2010《食品安全国家标准　较大婴儿和幼儿配方食品》，能量的计算按每 100 mL 产品中含多少千焦（kJ/100 mL）或千卡（kcal/100 mL）计算。营养素含量按每 100 g 乳粉、每 100 mL 奶液中具体数值标注，如有必要或相应国家标准中另有要求的，还应标注出每 100 kJ 产品中各营养素成分的含量，且所有含量值均应符合 GB 10767—2010 的规定
3. 检查是否注明产品的类别、食品的属性和适用年龄	较大婴儿配方乳粉是否标明“需配合添加辅助食品”等提示语和适用年龄。婴幼儿配方乳粉会根据宝宝适用年龄进行连续性分段。常见的分段是 1 段 (0 ~ 6 个月)、2 段 (6 ~ 12 个月)、3 段 (1 ~ 3 岁)
4. 检查是否有“使用说明”	有关产品应配有使用、配制指导说明及图解（如冲调方法、喂养说明等），储存条件应在标签上明确说明。并且指导说明中应对不当配制和使用不当可能引起的健康危害给予警示说明
5. 检查能量和营养成分的含量声称或比较声称是否规范	依据《预包装特殊膳食用食品标签通则》（GB 13432），被声称的营养成分在产品中的含量应显著；应有充足的科学依据；在产品中的含量与可类比的食品的相对差异不低于 25%。不应对 0 ~ 6 月龄的婴儿配方食品中必需成分进行含量声称和比较声称
6. 检查能量和营养成分的功能声称是否规范	所使用的功能声称用语应有充足的科学依据；不得声称或暗示产品有治愈、治疗或防止疾病的作用；不应对 0 ~ 6 月龄的婴儿配方食品中必需成分进行功能声称
7. 记录	将检验结果记录在样品检验记录表中，见表 2—2—2

表 2—2—2　　乳粉标签检验记录表

编号：＿＿＿＿＿＿　检验员：＿＿＿＿＿＿　检验日期：＿＿＿＿＿＿

序号	检验项目	0 ~ 6 个月婴儿罐装乳粉		6 ~ 12 个月较大婴儿罐装乳粉	
		A	B	A	B
1	食品名称				
2	净含量和规格				
3	配料表				

续表

序号	检验项目	0 ~ 6 个月婴儿罐装乳粉		6 ~ 12 个月较大婴儿罐装乳粉	
		A	B	A	B
4	热量				
5	营养素				
6	生产者和（或）经销者的名称、地址和联系方式				
7	生产日期和保质期				
8	储存条件				
9	食品生产许可证编号				
10	产品标准代号				
11	使用说明				
12	适用年龄				
13	QS 标志				
14	条形码				
15	能量、营养素含量和功能声称				
16	提示语				
17	其他				
	检验结果				

填表说明：检验项目合格画“√”，不合格画“×”。检验结果写“合格”或“不合格”。

如果是强化婴儿配方乳粉，则还需在标签中找出以下内容：

1. 被声称强化的营养成分在标签中的位置和表现形式，并检验是否符合规范要求。

2. 强化营养成分种类、含量，并检验其含量是否符合规范要求（与可类比的食品的相对差异不低于 25%）。

3. 强化营养成分功能声称，并检验其功能声称是否符合规范要求。

将检验内容和结果记录在表 2—2—3 中。

表 2—2—3　　强化乳粉标签检验记录表

编号：________　　检验员：________　　检验日期：________

检验项目	检验内容（记录）	检验结果
被声称强化的营养成分在标签中的位置和表现形式		
强化营养成分种类、含量		
强化营养成分功能声称		

【考核评价】

<table>
<tr><th rowspan="2">素质</th><th>内容</th><th rowspan="2">评价项目</th><th colspan="3">评价</th></tr>
<tr><th>学习目标</th><th>个人评价30%</th><th>小组评价30%</th><th>教师评价40%</th></tr>
<tr><td>知识（20分）</td><td>应知</td><td>1. 知道罐装婴儿配方乳粉标签的有关标准
2. 知道进口罐装婴儿配方乳粉标签的有关标准</td><td></td><td></td><td></td></tr>
<tr><td rowspan="3">专业能力（60分）</td><td>罐装婴儿配方乳粉标签的检验（30分）</td><td>1. 能按有关标准对乳粉标签进行检验
2. 能正确地给出检验结果</td><td></td><td></td><td></td></tr>
<tr><td>进口罐装婴儿配方乳粉标签的检验（20分）</td><td>1. 能区分国内和进口食品标签的异同
2. 能按有关标准对进口乳粉标签进行检验
3. 能正确地给出检验结果</td><td></td><td></td><td></td></tr>
<tr><td>遵守安全、卫生要求（10分）</td><td>1. 遵守实验室安全规范
2. 遵守实验室卫生规范</td><td></td><td></td><td></td></tr>
<tr><td rowspan="3">通用能力（10分）</td><td>收集信息能力（2分）</td><td>自己收集并学习有关标准</td><td></td><td></td><td></td></tr>
<tr><td>动作协调能力（3分）</td><td>眼、脑配合协调，能在标签中迅速找到需要的信息</td><td></td><td></td><td></td></tr>
<tr><td>与人合作能力（5分）</td><td>与同学互相配合，团结互助</td><td></td><td></td><td></td></tr>
<tr><td>态度（10分）</td><td>认真、细致、勤劳</td><td>实验积极、主动，实验观察细致，能反思实验的成功或失败</td><td></td><td></td><td></td></tr>
<tr><td colspan="2">总分</td><td></td><td></td><td></td><td></td></tr>
<tr><td colspan="2">平均分</td><td colspan="4"></td></tr>
</table>

【思考与练习】

1. 请在市场上收集三种不同品牌的国产罐装乳粉，对其标签进行检验，并判断其标签是否符合标准（设计检验记录表，将检验结果记录在记录表中）。

2. 请在市场上收集两种不同品牌的进口罐装乳粉，对其标签进行检验，并判断其标签是否符合标准（设计检验记录表，将检验结果记录在记录表中）。

任务 3　红葡萄酒标签的检验

【学习目标】

1. 熟悉饮料酒标签检验标准。
2. 了解葡萄酒的概念和分类。
3. 能正确地对红葡萄酒的标签进行检验。
4. 能在教师指导下，以小组协作方式，查阅相关标准，对进口红酒的标签进行检验，并判断其标签是否合格。

【任务引入】

拿起一瓶葡萄酒，首先映入眼帘的就是印着各式各样图案的标签，如图 2—3—1 所示，葡萄酒标签应该标注哪些内容？它与其他食品标签的要求有什么异同？怎样检验葡萄酒的标签是否合格？

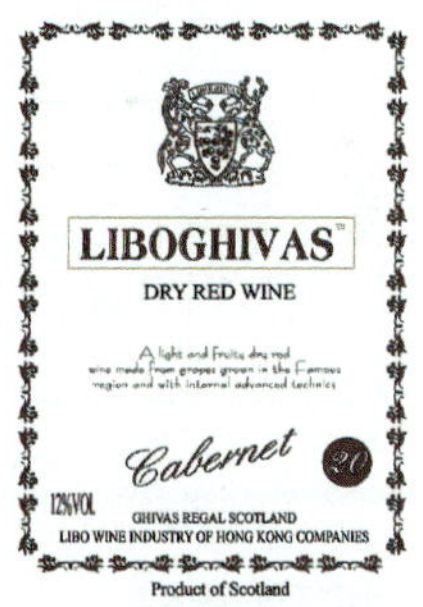

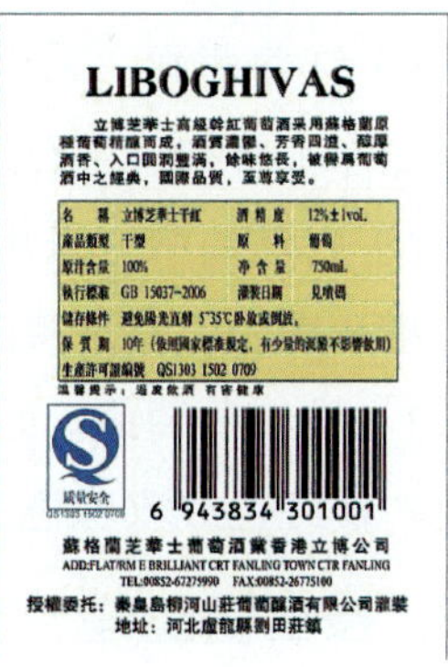

图 2—3—1　几种葡萄酒标签

【任务分析】

要对葡萄酒的标签进行检验，就需要先了解预包装饮料酒标签的国家标准、葡萄酒的定义和分类、葡萄酒的储存条件、葡萄酒标签应标注的内容等知识。葡萄酒生产商会将与该葡萄酒相关的主要信息标注在标签上，对照相关标准对葡萄酒的标签进行检验，就可以对该葡萄酒的品质做出初步判断。

【相关知识】

一、葡萄酒的定义及分类

葡萄酒是以葡萄为原料，经过压榨、破碎、发酵、熟化、换桶、澄清等工艺流程酿制而成的发酵酒。葡萄酒可以根据不同的标准进行分类，如图 2—3—2 所示。

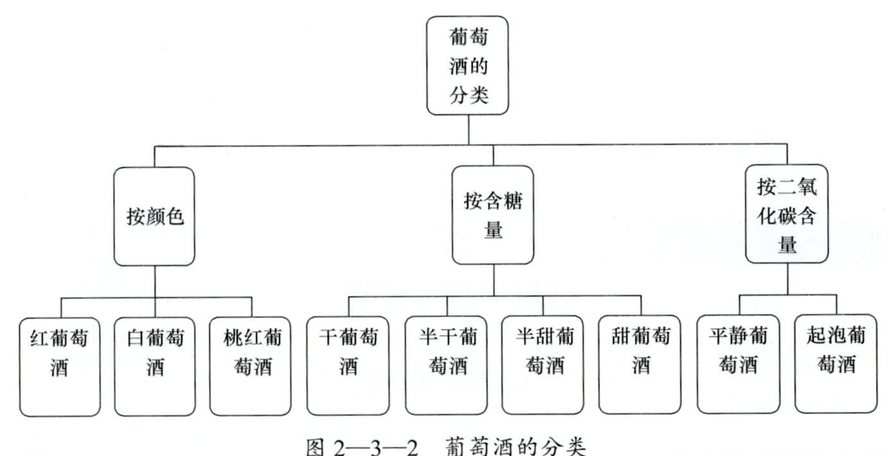

图 2—3—2　葡萄酒的分类

1. 按颜色分

（1）红葡萄酒。采用皮红肉白或皮肉皆红的葡萄经葡萄皮和汁混合发酵制成。酒色呈自然深宝石红、宝石红、紫红或石榴红。

（2）白葡萄酒。采用白葡萄或皮红肉白的葡萄分离发酵制成。酒色呈淡黄色或金黄色，澄清透明，有独特的典型性。

（3）桃红葡萄酒。采用带色的红葡萄带皮发酵或分离发酵制成。酒色呈淡红色、桃红色、橘红色或玫瑰色。

2. 按含糖量分

（1）干葡萄酒。含糖量低于 4 g/L，品尝不出甜味，具有洁净、幽雅、和谐的果香和酒香。

（2）半干葡萄酒。含糖量为 4 ~ 12 g/L，微具甜感，酒的口感洁净、幽雅，味觉圆润，具有和谐、愉悦的果香和酒香。

（3）半甜葡萄酒。含糖量为 12 ~ 40 g/L，味略甜，是在日本和美国被消费较多的品种。

（4）甜葡萄酒。含糖量大于 40 g/L，具有甘甜、醇厚、舒适、爽顺的口感，以及和谐的果香和酒香。

3. 按二氧化碳含量分

（1）平静葡萄酒。不含有自身发酵或人工添加 CO_2 的葡萄酒称为静酒。

（2）起泡葡萄酒。含有一定量 CO_2 气体的葡萄酒，起泡葡萄酒又分为两类，即起泡酒和汽酒。

1）起泡酒。酒中所含的 CO_2 是用葡萄酒加糖再发酵产生的。在法国香槟地区生产的起泡酒叫香槟酒，在世界上享有盛名。其他地区生产的同类型产品按国际惯例不得叫香槟酒，一般叫起泡酒。

2）汽酒。用人工的方法将 CO_2 添加到酒中的葡萄酒叫汽酒，因 CO_2 的作用使酒更具有清新、愉快、爽怡的味感。

二、预包装饮料酒标签要求

根据 GB 10344—2005，预包装饮料酒标签的基本要求和共性条款应符合 GB 7718—2011 的规定，除此之外，还应符合以下要求，见表 2—3—1。

表 2—3—1　　　预包装食品标签标注内容、含义及相关规定

标注内容	含义、相关规定
强制标注内容	
酒名称	应标注在标签的醒目位置，清晰地标注反映饮料酒真实属性的专用名称
配料清单（原料与辅料）	1. 标签上应标注配料清单。单一原料的饮料酒除外 2. 在酿酒或加工过程中，加入的水和食用酒精也应标注 3. 配制酒应标注所用酒基，串蒸、浸泡、添加的食用动植物（或其制品），国家允许使用的中草药以及食品添加剂等 4. 食品添加剂应符合 GB 2760—2011 的规定；甜味剂、防腐剂、着色剂应标注具体名称；其他食品添加剂可以按 GB 2760—2011 的规定标注具体名称或类别名称 5. 在饮料酒生产与加工中使用的加工助剂，不需要在“原料”或“原料与辅料”中标注 6. 其他同 GB 7718—2011 中 4.1.3 的要求

续表

标注内容	含义、相关规定
强制标注内容	
酒精度	1. 凡是饮料酒，均应标注酒精度 2. 标注酒精度时，应以“酒精度”作为标题，符号为 %vol
原麦汁、原果汁含量	1. 啤酒应标注“原麦汁浓度”。标注方式：以“柏拉图度”符号“°P”表示 2. 果酒（葡萄酒除外）应标注原果汁含量。标注方式：在“原料与辅料”中用“××%”表示
制造者、经销者的名称和地址（电话）	同 GB 7718—2011 中 4.1.6 的要求
日期标注和储藏说明	1. 应清晰地标注预包装饮料酒的包装（灌装）日期和保质期，也可以附加标注保存期。如日期标注采用“见包装物某部位”的方式，应标注在该包装物的具体部位 2. 如果饮料酒的保质期（或保存期）与储藏条件有关，应标注饮料酒的特定储藏条件，具体按相关产品标准执行
净含量	1. 饮料酒的净含量一般用体积表示，单位为毫升（mL)、升（L） 2. 净含量应与酒的名称排在包装物或容器的同一展示版面上 3. 其他同 GB 7718—2011 中 4.1.5 的要求
产品标准号	同 GB 7718—2011 中 4.1.9 的要求
质量等级	同 GB 7718—2011 中 4.1.11 的要求
警示语	玻璃瓶包装的啤酒要求标注“警示语”
生产许可证	已实施工业产品生产许可证管理制度的酒行业，其产品应标注生产许可证标志和编号
强制标注内容的免除	
葡萄酒和酒精度超过 10%vol 的其他饮料酒可免除标注保质期	
非强制标注内容	
批号	同 GB 7718—2011 中 4.4.1 的要求
饮用方法	1. 如有必要，可以标注容器（瓶、罐）的开启方法、饮用方法、每日（餐）饮用量、兑制（混合）方法等对消费者有帮助的说明 2. 推荐采用标注“过度饮酒，有害健康”及“孕妇和儿童不宜饮酒”等劝说语
产品类型	1. 果酒、葡萄酒和黄酒可以标注产品类型或含糖量。果酒、葡萄酒和黄酒宜标注“干”“半干”“半甜”或“甜”型，或者标注其含糖量，标注方法按相关产品标准规定执行 2. 配制酒如以果酒、葡萄酒和黄酒为酒基或添加了糖的酒，宜标注其含糖量

注：根据国家标准 GB 15037—2006《葡萄酒》，预包装葡萄酒标签执行 GB 10344—2005 的标准，并按含糖量标注产品类型。

【任务实施】

对图 2—3—1 所示的不同红葡萄酒的标签进行检验，判定其标签是否合格。

配图	操作步骤	注意事项
	1. 检验标签内容是否清晰、完整。有无模糊、脱落、假冒伪劣现象	（1）如出现商标印刷模糊、假冒伪劣现象，判定为不合格 （2）如出现商标残缺、脱落现象，判定该瓶商标不合格
	2. 检验标签内容是否齐全	依照 GB 10344—2005，缺一项即为不合格
	3. 检验标签内容是否规范	依照 GB 7718—2011、GB 10344—2005 和 GB 15037—2006 的规定，有一项不符合规范，即为不合格
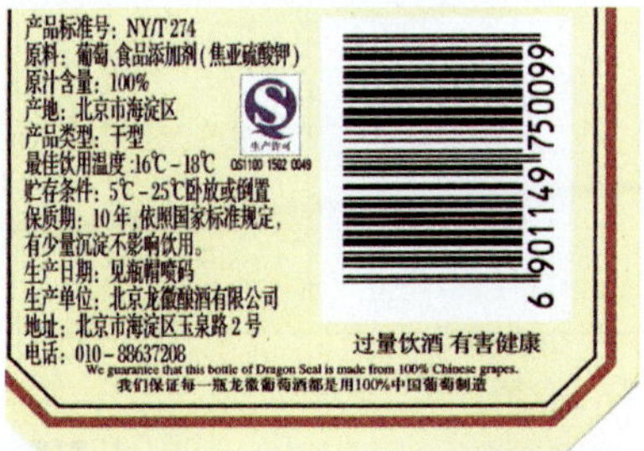	4. 检查标签内容是否真实	伪造或冒用厂名、厂址；伪造产地；伪造或冒用质量标志、虚假标注或篡改生产日期和保质期；未按实际使用情况标注产品配料和食品添加剂等，出现上述的任何一项即为不合格
	5. 记录。将检验结果记录在样品检验记录表中，见表 2—3—2	

表 2—3—2　　红葡萄酒标签检验记录表

编号：__________　　检验员：__________　　检验日期：__________

种类	检测项目	A	B	C
强制标注内容	酒名称			
	配料清单			
	酒精度			
	原麦汁、原果汁含量			
	制造者、经销者的名称和地址			
	日期标注和储藏说明			
	净含量			
	产品标准号			
	质量等级			
	警示语			
	生产许可证			
	QS 标志			
	条形码			
非强制标注内容	批号			
	饮用方法			
	产品类型			
检验结果				

填表说明：检验项目合格画“√”，不合格画“×”。检验结果写“合格”或“不合格”。

对于进口红葡萄酒，需要查阅有关资料，明确我国对进口葡萄酒标签的要求和相关标准，找出进口葡萄酒标签与国产葡萄酒标签标注内容的异同点。需要注意的是：先看酒瓶背面标签上是否有中文标志，如果没有中文标志，则有可能是走私进口商品，酒的质量也就不能保证。进口红葡萄酒标签除标注一些基本信息，如葡萄品种、葡萄酒名称、酒厂名、净含量、酒精浓度外，通常还标注熟成年份、等级、产区、装瓶者、产酒国名等信息。

【考核评价】

素质	内容 学习目标	评价项目	评价		
			个人评价30%	小组评价30%	教师评价40%
知识（20分）	应知	1. 知道饮料酒标签检验的有关标准 2. 了解葡萄酒的分类及有关标准			
专业能力（60分）	红葡萄酒标签的检验（40分）	1. 能按有关标准对标签的外观进行检验 2. 能按有关标准对标签内容的完整性进行检验 3. 能按有关标准对标签内容的规范性进行检验 4. 能按有关标准对标签的真实性进行检验 5. 能正确地给出检验结果			
	进口红葡萄酒标签的检验（10分）	1. 能查阅资料，找到有关信息 2. 能制定检测记录表 3. 能对进口红葡萄酒标签进行检验			
	遵守安全、卫生要求（10分）	1. 遵守实验室安全规范 2. 遵守实验室卫生规范			
通用能力（10分）	收集信息能力（5分）	自己收集并学习有关标准			
	动作协调能力（5分）	眼、脑配合协调，能在标签中迅速找到需要的信息			
态度（10分）	认真、细致、勤劳	实验操作规范，实验用品摆放整齐，操作台干净整洁			
总分					
平均分					

【思考与练习】

1. 市场上销售某法国进口红葡萄酒，标签中全是法文，代表法国原装。请判断其标签是否合格，为什么？

2. 请到批发市场对5种不同红葡萄酒标签进行检验，并判断是否合格。

项目三

饮料与酒类的感官检验

【先导知识】

一、饮料的概念和分类

饮料是指经过定量包装的，供直接饮用或用水冲调饮用的，乙醇含量不超过质量分数 0.5% 的制品（不包括药用饮品），或指经加工制成的适于供人或牲畜饮用的液体，尤指用来解渴、提供营养或提神的液体，如酒、茶、汽水及各种果汁等。一般的饮料是以水为基本原料，由不同的配方和制造工艺生产出来的，供人们直接饮用的液体食品。饮料除提供水分外，由于在不同品种的饮料中含有不等量的糖类、酸类、乳制品以及各种氨基酸、维生素、无机盐等营养成分，还可提供一定的营养。

根据国家标准《饮料通则》（GB 10789—2008）中的相关要求，按饮料的原料或产品形状进行分类，可以将饮料分为 11 个类别及相应的种类。

1. 碳酸饮料（汽水）类

碳酸饮料（汽水）类饮料是指在一定条件下充入二氧化碳气体的饮料，不包括由发酵自身产生的二氧化碳气体的饮料。其中包括果汁型碳酸饮料、果味型碳酸饮料、可乐型碳酸饮料和其他型碳酸饮料。

2. 果汁和蔬菜汁类

果汁和蔬菜汁类饮料是指用水果和（或）蔬菜等为原料，经过加工或发酵制成的饮料。其中包括果汁（浆）和蔬菜汁（浆）、浓缩果汁（浆）和浓缩蔬菜汁（浆）、果汁饮料和蔬菜汁饮料、果汁饮料浓浆和蔬菜汁饮料浓浆、复合果汁（浆）及饮料、果肉饮料、发酵型果蔬汁饮料、水果饮料和其他果蔬汁饮料。

3. 蛋白饮料类

蛋白饮料类饮料是指以乳或乳制品、含有一定蛋白质含量的植物的果实、种子或种仁等为原料，经过加工或发酵制成的饮料。其中包括含乳饮料、植物蛋白饮料和复合蛋白饮料。

4. 包装饮用水类

包装饮用水类饮料是指密封于容器中可直接饮用的水。其中包括饮用天然矿泉水、饮用天然泉水、其他天然饮用水、饮用纯净水、饮用矿物质水和其他包装饮用水。

5. 茶饮料类

茶饮料类饮料是指以茶叶的水提取液或其浓缩液、茶粉等为原料，经过加工制成的饮料。其中包括茶饮料（茶汤）、茶浓缩液、调味茶饮料、复（混）合茶饮料。

6. 咖啡饮料类

咖啡饮料类饮料是指以咖啡的水提取液或其浓缩液、速溶咖啡粉为原料，经过加工制成的饮料。其中包括浓咖啡饮料、咖啡饮料、低咖啡因咖啡饮料。

7. 植物饮料类

植物饮料类饮料是指以植物或植物提取物（水果、蔬菜、茶、咖啡除外）为原料，经过加工或发酵制成的饮料。其中包括食用菌饮料、藻类饮料、可可饮料、谷物饮料和其他植物饮料。

8. 风味饮料类

风味饮料类饮料是指以香精（料）、食糖和（或）甜味剂、酸味剂等作为调整风味的主要手段，经过加工制成的饮料。其中包括果味饮料、乳味饮料、茶味饮料、咖啡味饮料和其他风味饮料。

9. 特殊用途饮料类

特殊用途饮料类饮料是指通过调整饮料中营养素的成分和含量，或加入具有特殊功能成分的适应某些特殊人群需要的饮料。其中包括运动饮料、营养素饮料、其他特殊用途饮料。

10. 固体饮料类

固体饮料类饮料是指用食品原料、食品添加剂等加工制成的粉末状、颗粒状或块状等固态料的供冲调饮用的制品。如果汁粉、豆粉、茶粉、咖啡粉、果味型固体饮料、固态汽水（泡腾片）、姜汁粉等。

11. 其他饮料类

即以上分类中未能包含的饮料。

二、酒类的概念和分类

酒的主要化学成分是乙醇，一般含有微量的杂醇和酯类物质。大多数白酒是以粮食为原料经发酵酿造而成的。我国是最早酿造白酒的国家，早在2000年前就发明了酿酒技术，并不断改进和完善，现在已发展到能生产各种浓度、各种香型、各种含酒精的饮料。酒类的分类方式多种多样，按其种类可以分为白酒、啤酒、葡萄酒、黄酒、米酒、药酒等。

1. 白酒

白酒是我国特有的一种蒸馏酒，由淀粉或糖质原料制成酒醅或发酵醪经蒸馏而制成，又称烧酒、老白干、烧刀子等。酒质无色或微黄而透明，气味芳香纯正，入口绵甜爽净，酒精含量较高，经储存老熟后，具有以酯类为主体的复合香味。白酒还包括以曲类、酒母为糖化发酵剂，利用淀粉质原料，经蒸煮、糖化、发酵、蒸馏、陈酿和勾兑后酿制而成的各类酒。

2. 啤酒

啤酒是人类最古老的酒精饮料，是在水和茶这两种饮品之后，世界上消耗量排名第三的饮料。啤酒于20世纪初传入我国，属外来酒种。啤酒是以大麦芽、酒花、水为主要原料，经酵母发酵作用酿制而成的饱含二氧化碳的低酒精度酒。国际上的啤酒大部分添加辅助原料，有的国家规定辅助原料的用量总计不得超过麦芽用量的50%。

3. 葡萄酒

葡萄酒是用新鲜的葡萄或葡萄汁经发酵酿成的酒精饮料。通常分为红葡萄酒和白葡萄酒两种。前者由红葡萄带皮浸渍发酵而成；后者是用葡萄汁发酵而成的。

4. 黄酒

黄酒是我国的民族特产，属于酿造酒，在世界三大酿造酒中占有重要的一席。黄酒的酿酒技术独树一帜，成为东方酿造界的典型代表和楷模。其中以浙江绍兴黄酒为代表的麦曲稻米酒是黄酒中历史最悠久、最有代表性的一种。黄酒是一种以稻米为原料酿制而成的粮食酒，它不同于白酒，黄酒没有经过蒸馏，酒精含量低于20%。不同种类的黄酒颜色也呈现出不同的颜色，如米色、黄褐色或红棕色。

5. 米酒

米酒又名醪糟，古人叫“醴”，是南方常见的传统地方风味小吃。主要原料是江米，所以也叫江米酒。在北方一般称它为“米酒”或“甜酒”。

6. 药酒

药酒素有“百药之长”之称，将强身健体的中药与酒“溶”于一体的药酒，不仅配制方便，药性稳定，安全有效，还因为酒精是一种良好的半极性有机溶剂，中药的各种有效成分都易溶于其中，药借酒力、酒助药势而使得中药能充分发挥其效力，有利于提高疗效。

任务 1　橙汁的感官检验

【学习目标】

1. 掌握橙汁、浓缩橙汁的感官指标。
2. 能在教师指导下，以小组协作方式，运用三角检验法，对橙汁进行感官评价。
3. 了解其他果汁的感官评价标准。
4. 能在没有教师指导的情况下，查阅相关学习资料，运用三角检验法对苹果汁进行感官评价。

【任务引入】

橙汁具有色泽宜人、营养丰富、风味浓郁的优良品质，其消费量长期以来位居世界果汁消费量之首。目前市售的橙汁饮品多种多样，其质量也参差不齐。另外，为了改善色泽、气味与滋味，生产者常常在加工食品的过程中添加食用色素、香精等物质，这也导致了果汁在感官品质上的不同。因此，感官品评人员怎样判断橙汁的感官质量，以及如何察觉两种市售橙汁在感官特性上是否存在差异是本项目的主要任务。

【任务分析】

本任务根据 GB 10789—2007《饮料通则》与 GB/T 21731—2008《橙汁及橙汁饮料》，NY/T 290—1995《绿色橙汁和浓缩橙汁》中的相关要求，对橙汁的色泽、气味和滋味进行感官评价。同时，可以运用差别检验中的三角检验法鉴别两种市售橙汁的色泽、气味与滋味是否存在一定的差异。

【相关知识】

一、果汁的分类

果汁是指将果实的汁液兑入不同量的水和糖而制成的饮品，是一种常见的饮料。果汁按其制作过程不同可以分为原果汁、鲜果汁、浓缩果汁和果汁糖浆四类。原果汁又称

100% 果汁，是用新鲜果肉直接榨出来的原汁，又可分为澄清果汁和混浊果汁两种。澄清果汁澄清透明，如苹果汁；而混浊果汁均匀混浊，如橙汁。鲜果汁是原果汁经过稀释后，再加入砂糖、柠檬酸等食品添加剂调制而成的。浓缩果汁是鲜果汁经脱水后浓缩 1 ~ 6 倍，使含糖量达到 60% ~ 70%。例如，把鲜果汁浓缩 4 倍，饮用时再加入 4 倍水即可。果汁糖浆是原果汁或浓缩果汁经过稀释后，加入砂糖、柠檬酸等食品添加剂调制而成的，含糖量为 40% ~ 60%。

二、橙汁和浓缩橙汁的感官指标

在 GB/T 21731—2008《橙汁及橙汁饮料》与 NY/T 290—1995《绿色橙汁和浓缩橙汁》中，对作为绿色食品之一的橙汁与浓缩橙汁的质量提出了具体要求，规定了橙汁与浓缩橙汁的感官指标，具体内容见表 3—1—1。

表 3—1—1　　橙汁和浓缩橙汁的感官指标

项目	感官指标	
	橙汁	浓缩橙汁
色泽	颜色由浅黄色到橙黄色；原橙汁色泽鲜艳、纯净如新鲜橙囊；浓缩橙汁复水到原橙汁浓度的橙汁，色泽稍不如原榨橙汁	具有原橙汁经浓缩加工后应有的色泽，颜色由黄色到深橙黄色不等
香气	具有新鲜压榨橙汁特有的香气	具有新鲜原橙汁经浓缩加工后特有的香气
滋味	具有新鲜甜橙所特有的滋味，无异味	具有新鲜原橙汁经浓缩加工后所特有的滋味，无异味
外观形态	具有一定的混浊度，其浊度均匀适宜，准许有少量的沉淀	呈均匀黏稠状，无明显分层，不得有不能摇散的结块现象
杂质	无肉眼可见的外来杂质	无肉眼可见的外来杂质
充填量	规定量 ±4%	规定量 ±4%
复水性	加水后，混合均匀	加水后，混合均匀

三、三角检验法

三角检验法又称三点检验法，是差别检验中最常用的方法之一。在进行三角检验时，每次需要将三个样品同时呈送给感官评价人员，并告诉参评人员其中有两个样品是相同的，另外一个样品与其他两个不同。请感官检验员鉴别后挑出不同的那个样品。

三角检验法在食品感官评价中应用广泛，主要用于鉴别两个样品之间的细微差异，如确定两种产品之间的差异是否来自于成分、工艺、包装及储存时间等因素的改变；确定两种产品之间是否存在整体差异性；筛选和培训感官检验人员，训练其发现产品细微差别的能力。

在进行感官评价时，一般是将三个样品按不同的排列次序摆放好，两种不同样品的出现次数相等，如一种样品为A，另一种为B，则摆放方式可为AAB、BBA、ABB、BAA、ABA、BAB，样品呈送表见表3—1—2。感官评价人员按照从左至右的顺序检测样品，然后根据三角检验法的要求，找出与其他两个样品不同的那个；如果不能找到，也必须猜出一个答案，即强制要求给出答案。

表3—1—2　　三角检验法样品呈送表

组次	样品1	样品2	样品3	组次	样品1	样品2	样品3
1	A	B	A	7	A	B	B
2	A	A	B	8	A	A	B
3	B	B	A	9	B	A	A
4	B	A	A	10	B	B	A
5	A	B	B	11	A	B	A
6	B	A	B	12	B	A	B

【任务实施】

一、实验准备

配图	实验步骤	注意事项
	1. 准备干燥、洁净且无异味的玻璃杯，共36个；市售的两种不同品牌的橙汁	玻璃杯的容积一般不小于200 mL
	2. 将36个玻璃杯平均分为两组，每组各18个，在杯子底部分别贴上标有A、B的标签	标有A、B编号的标签应是感官评价人员不能看到的

续表

配图	实验步骤	注意事项
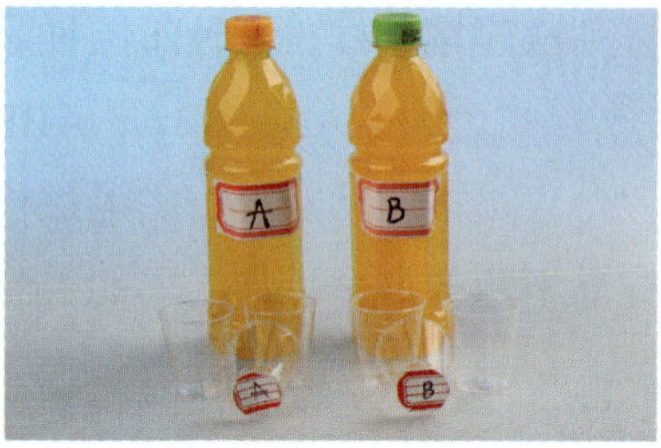	3. 再将两种橙汁样品分别标记为样品 A 与样品 B	
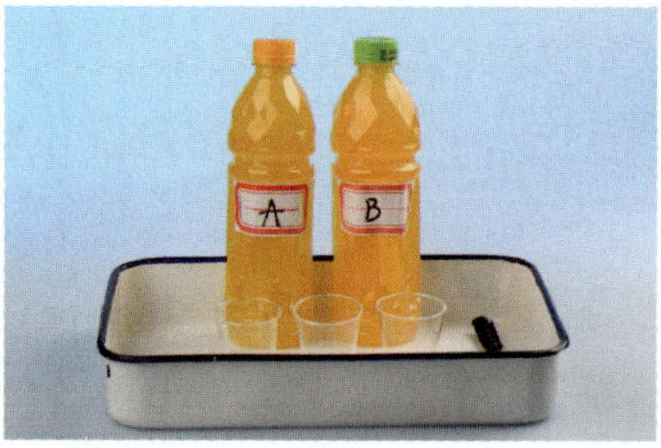	4. 将两种不同的橙汁样品 A、B 分别倒入标有对应编号的玻璃杯中	每个容器中的果汁应不少于 100 mL
	5. 将上述 36 个果汁样品以 AAB、ABB、BBA、BAA、ABA、BAB 的形式摆放，每组三个样品，共 12 组，参见表 3—1—2	即 AAB、ABB、BBA、BAA、ABA、BAB 各两组
	6. 将每组的三个样品放在一个托盘内，将 12 组橙汁样品按顺序依次呈送给感官评价人员	感官评价人员不能看到编号的顺序与类型

二、三角检验

配图	实验步骤	注意事项
色泽检验		
	1. 先以双手同时拿起第一组的三个样品，举至高于或水平于视线的位置	手不能大面积遮挡住玻璃杯，要使光线可以透过样品
	2. 透过光线，观察样品是否澄清，有无沉淀	（1）若果汁样品为清汁，则不应含有肉眼可见的固体颗粒 （2）若果汁样品为浑汁，则不应含有除果肉外的固体颗粒
	3. 再将白纸附于玻璃杯后，观察橙汁样品的颜色，依次看三个样品的颜色是否相同	
	4. 在该组的三个样品中找到色泽与其他两个样品不同的那个，并将结果记录在三角检验实验记录表中，见表 3—1—3	

续表

配图	实验步骤	注意事项
	6. 按上述方法，分别对12组橙汁样品进行滋味的评价，找出每组呈送的三个样品中与其他两个样品不同的那个，记录并填写表3—1—3	

一般对橙汁及浓缩橙汁进行感官评价时，评价人员可以多次鉴别，并完成橙汁及浓缩橙汁感官评价实验记录表，见表3—1—3。

表3—1—3　橙汁及浓缩橙汁感官评价实验记录表

样品名称：＿＿＿＿＿＿　检验员：＿＿＿＿＿＿　检验日期：＿＿＿＿＿＿

实验组次	样品序号	色泽不同的样品序号	气味不同的样品序号	滋味不同的样品序号
第1组	1　2　3			
第2组	1　2　3			
第3组	1　2　3			
第4组	1　2　3			
第5组	1　2　3			
第6组	1　2　3			
第7组	1　2　3			
第8组	1　2　3			
第9组	1　2　3			
第10组	1　2　3			
第11组	1　2　3			
第12组	1　2　3			
对照样品的摆放形式，统计12组实验中评价人员正确挑出与其他两个样品不同的样品的次数				

注：若检测样品的气味出现酒精味或滋味有酸味及异味，应在该组的三个空中画“×”。

【考核评价】

素质	内容 学习目标	评价项目	评价		
			个人评价30%	小组评价30%	教师评价40%
知识（20分）	应知	1. 了解三角检验法的概念 2. 熟悉三角检验法的基本步骤 3. 掌握三角检验法的要点 4. 了解其他果汁的感官评价标准			
专业能力（60分）	准备工作（10分）	1. 仪器、样品符合操作标准 2. 能用随机数编号，能正确选定呈送顺序 3. 能理解三角检验法编号的意义			
	正确对橙汁进行感官评价（20分）	1. 操作方法、程序正确 2. 能用规范的操作完成检验并做出判断			
	正确判断结果并记录（20分）	1. 操作方法、程序正确 2. 能用规范的数据及文字记录实验结果			
	遵守安全、卫生要求（10分）	1. 遵守实验室安全规范 2. 遵守实验室卫生规范			
通用能力（10分）	动作协调能力（5分）	动作灵活、准确，双手配合协调			
	与人合作能力（5分）	与同学互相配合，团结互助			
态度（10分）	认真、细致、勤劳	实验态度认真，实验操作规范，仪器样品摆放整齐			
总分					
平均分					

【思考与练习】

1. 简述呈送给感官评价员的样品的摆放顺序对感官评价的实验结果产生的影响。
2. 使用三角检验法鉴别两种市售苹果汁的色泽、气味和滋味是否存在明显的差异。

【知识拓展】

一、果汁的感官评价标准

根据国家标准 GB 10789—2007《饮料通则》中的相关要求，果汁的感官评价标准见表 3—1—4。

色度共同表示的，而色度则是不包括亮度在内的颜色的性质，它反映的是颜色的色调和饱和度。

2. 浊度

浊度即混浊度，是指水中悬浮物对光线透过时所发生的阻碍程度。水中的悬浮物一般是砂粒、细微的有机物和无机物、微生物和胶体物质等。水的浊度不仅与水中悬浮物质的含量有关，还与它们的大小、形状等有关。

3. 臭与味

臭与味是指对水进行嗅气和尝味。无臭、无味的水虽然不能保证是安全的，但有利于饮用者对水质的信任。臭与味是检验原水与处理水水质的必测项目之一。检验臭与味是评价水处理效果和追踪污染源的一种手段。

4. 可见物

可见物是指水中的肉眼可见物，包括各种可见的杂质。如果自来水含有这些物质，则可能引起饮用者的不满，常见的肉眼可见物有悬浮物、沉积物、微生物等，水中存在的色度和浊度也会加重肉眼可见物的影响。

二、饮用水的评价方法

1. 水色度的测定

色度是指水样颜色深浅的量度。水的颜色包括真色和表色两种。真色是指去除了水中悬浮物质以后的颜色，是由水中的胶体物质和溶解性物质造成的。表色是指没有去除悬浮物质的水所具有的颜色，是由可溶性有机物、部分无机离子和有色悬浮微粒引起的。在水质分析中，水的色度一般是指真色。

水质色度的测定有多种方法，其中包括铂钴标准比色法、稀释倍数法、目视比色法等。铂钴标准比色法是指用氯铂酸钾和氯化钴配制成与天然水黄色色调相似的标准色列，用于水样的比色测定。稀释倍数法是为了定量说明工业废水色度的大小，将工业废水按一定的稀释倍数，用水稀释到接近无色时，记录稀释倍数，以此表示该水样的色度。目视比色法是使用一套由同种材料制成的，大小、形状相同的比色管，在管中分别加入一系列不同量的标准溶液和待测液，再加入等量的显色剂和其他试剂进行观察，比较待测液与标准溶液颜色的深浅。

2. 水浊度的测定

由于水中含有泥土、细砂、有机物、无机物、浮游生物和微生物等悬浮物质，这些悬浮物质对进入水中的光线产生散射或吸收，从而产生混浊的现象。水中的悬浮物质对光线透过时所发生的阻碍程度称为浊度。色度是由于水中的溶解物质引起的，而浊度则是由不溶解物质引起的。

混浊的水会影响水的感官，也是水可能受到污染的标志之一。浊度的大小不仅与悬浮物质的数量、浓度有关，还与它们的颗粒大小、形状和折射率等因素有关。浊度的测定主要用于天然水、饮用水和部分工业用水。

浊度常用的测定方法包括目视比浊法、分光光度法、浊度仪法等。目视比浊法的原理与目视比色法相同，主要的区别就在于前者是溶液，后者是悬浊液。分光光度法是指通过测定被测物质在特定波长处或一定波长范围内光的吸光度或发光强度，对该物质进行定性和定量分析的方法。浊度仪法是利用光源发出的平行光束通过溶液，一部分被吸收和散射，另一部分透过溶液，根据相关公式，可以通过测量水样中微粒的散射光强度来测量水样的浊度。

3. 水臭与味的测定

臭与味是由人的嗅觉和味觉细胞受到某种化学刺激所产生的感受。纯净的水应该是无臭、无味的。天然水中产生臭与味的化学物质主要来自于溶解在水中的矿物盐类、水中动植物和微生物的繁殖、死亡和腐败；生活污水或工业废水的污染等。饮用水中加入的含氯消毒剂会使水体产生令人不愉快的臭与味。

水质臭与味的测定方法有文字描述法、标度检验法（阈值法）等。

文字描述法是对一种感官特征的描述过程，在评价食品的时候要考虑到所有能被感知的感觉，这种评价可以是整体的，也可以集中在某一方面，一般对食品的外观、风味进行详细的语言描述。

标度检验法是标度和类别检验中的重要方法之一。它要求感官评价人员根据一定范围内的标尺对某种样品进行感官评价，这种标尺的形式是经过多次训练后得到的。标度检验法既使用数字来表示样品的性质变化强度，又使用语言来表达对该性质的感受。一般使用语言时常常会将语言与数字对应起来。在进行标度检验法时，只需要 10 ~ 20 名感官评价人员即可。本任务将采用语言标度检验法对瓶装水的臭与味进行感官评价。实验中，语言标度等级见表 3—2—1。

表 3—2—1　　语言标度等级

数值	语言分类标尺	数值	语言分类标尺
0	没有	4	轻微—中等
1	阈值	5	中等
2	非常轻	6	中等—强烈
3	轻微	7	强烈

4. 水中可见物的测定

水中的肉眼可见物包括各种可见的杂质。如果饮用水中含有这些物质，则可能引起用户不满。肉眼可见物与水质危害没有必然联系，并不会直接影响人体健康。但是水中的可见物却是对水中带有污染物的一种警告。

肉眼可见物预示着水质严重污染的可能性，必须先查明原因，消除水质影响，水才能继续被使用。世界各国在该项指标的要求上是一致的，即水中无任何肉眼可见物。肉眼可见物对于感官性状影响严重，因此必须确定水中不得含有任何肉眼可见物。

检测肉眼可见物时要求选取有代表性的水样，置于无色透明的玻璃瓶中，对照充足光线仔细观察。检测天然水的肉眼可见物及受污染水的悬浮物时宜在现场进行，因为肉眼可见物的检测带有一定的主观性。

三、饮用矿泉水的感官指标

我国饮用水的相关国家标准规定，饮用天然矿泉水应该是从地下深处自然涌出的或经人工揭露的未受污染的地下矿泉水，且含有一定量的矿物盐、微量元素和二氧化碳气体，在通常情况下，其化学成分、流量、水温等动态参数在天然波动范围内相对稳定。《饮用天然矿泉水检验方法》（GB 8538—2008）除规定了饮用天然矿泉水的理化指标和卫生指标外，对其感官指标也提出了具体要求，见表 3—2—2。

表 3—2—2　　饮用天然矿泉水的感官指标

项目	要求
色度	≤ 15
混浊度	≤ 5
臭与味	具有矿泉水的特征口味，不得有异臭、异味
可见物	允许有极少量的天然矿物质盐沉淀，但不得含有其他异物

【任务实施】

一、瓶装矿泉水色度与浊度的评价

1. 实验准备

配图	实验步骤	注意事项
	1. 本实验所需要的样品为纯水 5 000 mL、待测水样 500 mL	待测水样为市售的瓶装矿泉水开启后，暴露在空气中放置 24 h 以上的水样
	2. 称取 10 g 干燥的硅藻土样品，置于 1 000 mL 烧杯中，加水溶解，并稀释至刻度，静置 24 h	此步骤定容时用烧杯即可，加入的水为上述纯水样品
	3. 吸取上层 800 mL，置于第二个 1 000 mL 烧杯内，加水至刻度，再静置 24 h；再吸取上层 800 mL 并弃去，剩余液体倒入第三个 1 000 mL 烧杯内，加水至刻度	此步骤定容时用烧杯即可，加入的水为上述纯水样品
	4. 吸取上述液体 50 mL，置于 (105±5) ℃的烘箱内，反复干燥至恒重，称量干燥后固体的质量，记录为 m	

续表

配图	实验步骤	注意事项
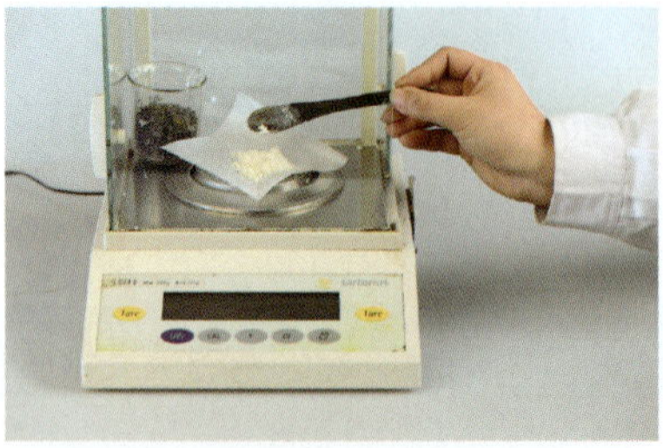	5. 以质量 m 除以 50，得到 1 mL 上述液体中所含硅藻土的质量 m_0（mg），将质量为 m_0 的干燥硅藻土置于 1 000 mL 烧杯中，加水溶解，并稀释至刻度	（1）即 $m_0=m/50$ （2）此步骤定容时用烧杯即可，加入的水为上述纯水样品
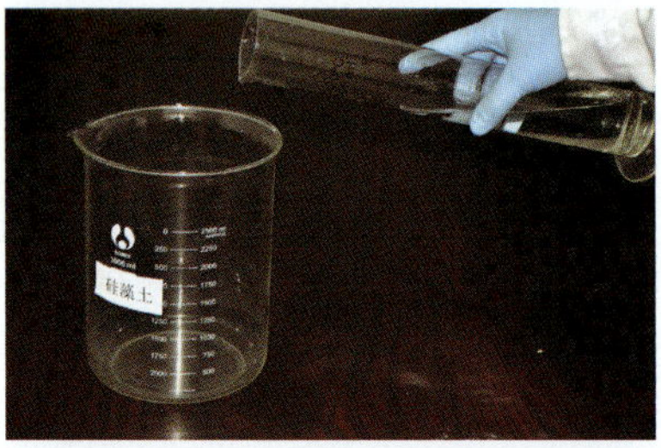	6. 吸取含有 250 mg 硅藻土的上述液体，置于 1 000 mL 容量瓶内，加水至刻度，混匀，得到浊度为 250 的标准液	
	7. 吸取浊度为 250 的标准溶液 100 mL，置于 250 mL 容量瓶内，加水至刻度，混匀，得到浊度为 100 的标准液	
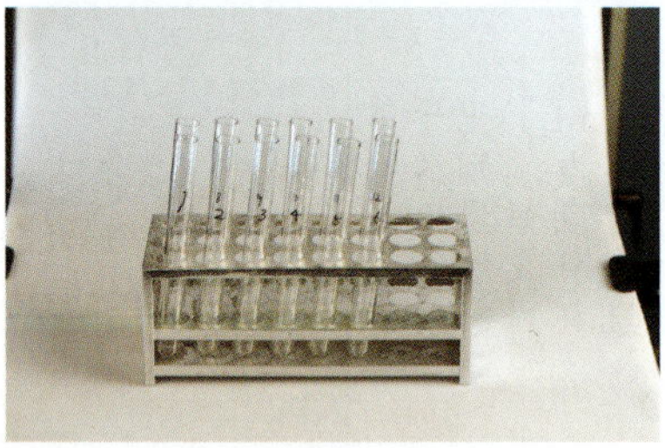	8. 取 100 mL 玻璃比色管，共 12 支，以数字 1 ~ 12 进行编号	
	9. 在 1 号比色管中加入待测水样	

续表

配图	实验步骤	注意事项
	10. 在 2 ~ 12 号试管中分别加入浊度为 100 的上述标准液 0、1.0、2.0、3.0、4.0、5.0、6.0、7.0、8.0、9.0、10.0 mL，并加入纯水至刻度，混匀	分别得到浊度为 0、1、2、3、4、5、6、7、8、9、10 的标准液

2. 评价色度与浊度

配图	实验步骤	注意事项
	1. 在灯光或阳光下，以单手同时拿起 1 号、2 号试管进行比较	使比色管中的液面水平且平行
	2. 透过光线，观察 1 号比色管的待测水样中是否有肉眼可见的悬浮物或异物	若没有可见物，则待测水样符合饮用水的感官指标
	3. 再以白纸为背景，分别比较 1 号、2 号两支比色管中的水样颜色及透明度是否相同，即是否澄清、透明	若颜色及透明度相同，即待测水样与纯水的色度相同，符合饮用水的感官指标

2. 臭与味的标度检验

配图	实验步骤	注意事项
	1. 首先选取上述标有1—1的盛有纯水样品的玻璃杯与标有2—1的盛有待测水样的玻璃杯	
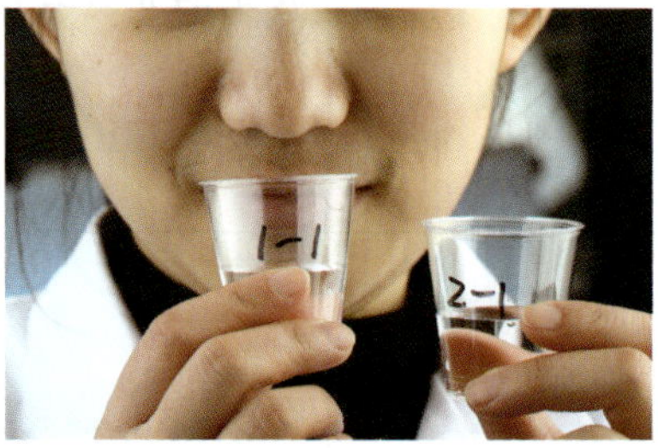	2. 以单手握住标有1—1的玻璃杯下部，将纯水样品边振摇边置于鼻子下方3 cm处，吸气 从杯口闻待测水样的气味，仔细判断它是否有香气或异香，用适当的语言标度进行描述	（1）振摇纯水样品，便于嗅觉评价 （2）按纯水至待测水样的顺序进行评价
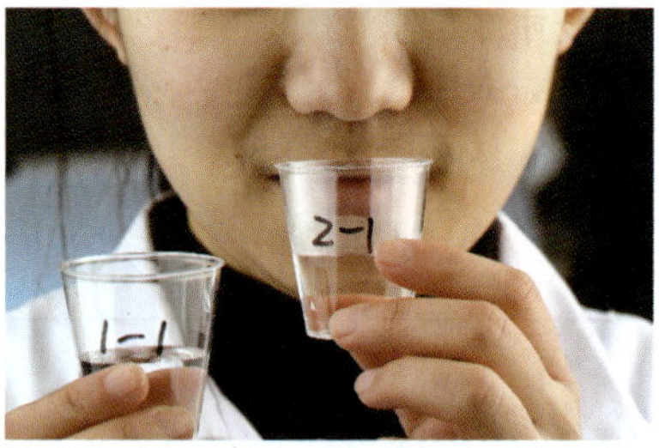	3. 再以上述方法，嗅闻标有2—1的玻璃杯中的待测水样，与纯水样品进行比较	用对比检验法判断两个样品间的差别
	4. 再用适当的语言进行描述，最后将两个样品的气味标度填写在表3—2—3中	
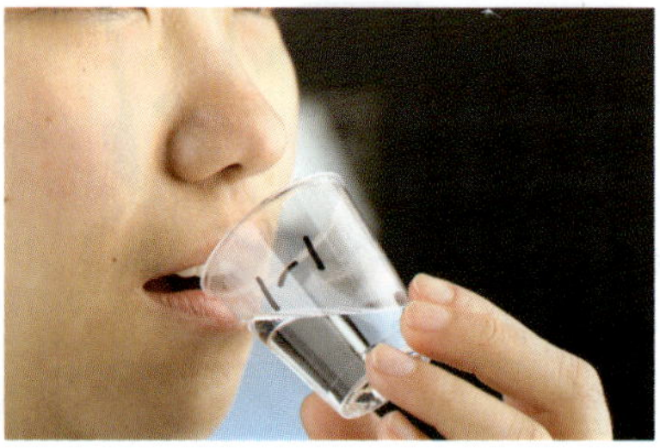	5. 将少量的纯水样品置于口中，使水样在口中均匀流动至舌头的各个部位，品尝样品的滋味	纯水样品不要咽下，应吐至水池或废液缸中

续表

配图	实验步骤	注意事项
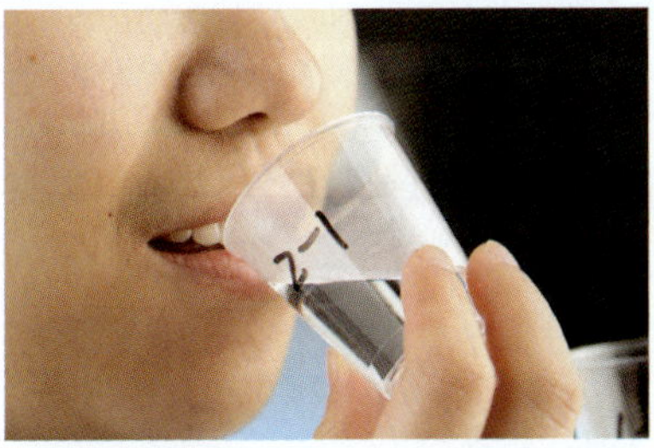	6. 再以上述方法品尝待测水样的滋味	待测样品不要咽下
	7. 与纯水样品进行比较后，将样品吐至水池或废液缸中	
	8. 用适当的语言标度描述后，将两个样品的滋味标度填写在表3—2—3中	
	9. 将标有1—2的纯水样品与标有2—2的待测水样以酒精灯加热至刚刚沸腾	将玻璃杯以铁架台架在酒精灯上方的石棉网上进行加热
	10. 将两个煮沸的样品在室温下冷却至25℃左右	

续表

配图	实验步骤	注意事项
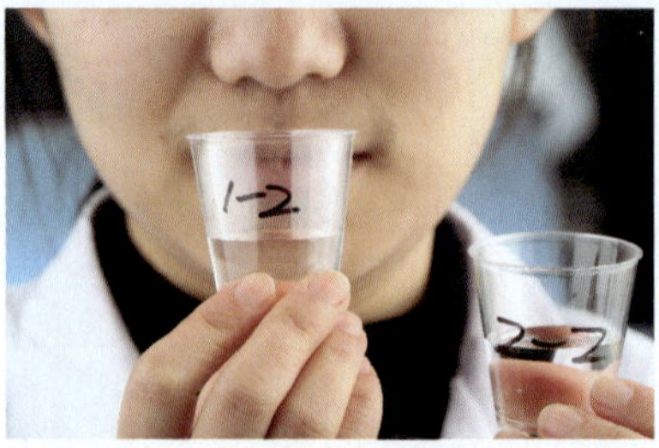	11. 按常温下水样臭与味的感官检测方法，分别嗅闻标有1—2的纯水样品与标有2—2的待测水样的气味	
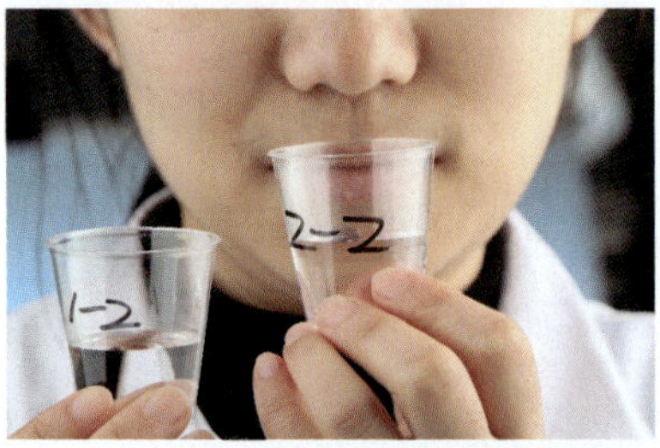	12. 将两个样品的气味标度填入表3—2—3中	
	13. 分别品尝1—2中纯水样品与2—2中待测水样的滋味	样品不要咽下
	14. 比较待测水样与纯水样品后，将样品吐至水池或废液缸中	样品不要咽下
	15. 将两个样品的滋味标度填入表3—2—3中	

根据上述感官评价实验，从表3—2—2中挑选出合适的语言标度，并将感官评价结果记录在表3—2—3中。

表3—2—3 瓶装矿泉水语言标度实验记录表

样品名称：______ 检验员：______ 检验日期：______

瓶装矿泉水样品	煮沸前		煮沸后	
	纯水样品	待测样品	纯水样品	待测样品
色度及浊度			—	—
气味				
滋味				

注：评价纯水样品和待测样品的色度与浊度时，在实验记录表中应填写两支最相近的比色管的编号。

【考核评价】

素质	内容	评价项目	评价		
	学习目标		个人评价 30%	小组评价 30%	教师评价 40%
知识（20分）	应知	1. 了解饮用水的卫生标准 2. 知道对瓶装水进行感官检验的意义 3. 掌握目视比色法、目视比浊法与标度检验法			
专业能力（60分）	准备工作（10分）	1. 仪器样品符合操作标准 2. 能用随机编号，能正确选定呈送顺序 3. 能正确制备色度与浊度的标准系列			
	正确对矿泉水进行感官评价（20分）	1. 正确评价水样的色度与浊度 2. 正确评价水样的臭与味 3. 酒精灯加热的操作规范			
	正确判断结果并记录（20分）	1. 原始记录的填写清晰、正确 2. 用恰当的词语描述感官强度 3. 检验报告的填写正确			
	遵守安全、卫生要求（10分）	1. 遵守实验室安全规范 2. 遵守实验室卫生规范			
通用能力（10分）	动作协调能力（5分）	动作灵活、准确，双手配合协调			
	与人合作能力（5分）	与同学互相配合，团结互助			
态度（10分）	认真、细致、勤劳	实验态度认真，能掌握实验的基本操作步骤，并严格按要求完成			
总分					
平均分					

【思考与练习】

1. 简述饮用天然矿泉水的感官要求。
2. 使用标度检验法对桶装纯净水的臭与味进行感官评价。

任务 3　浓香型白酒的感官检验

【学习目标】

1. 掌握浓香型白酒的感官指标。

2. 能在教师指导下，以小组协作方式，运用评分检验法对浓香型白酒进行感官评价。

3. 了解其他香型白酒的感官评价标准。

4. 能在没有教师的指导下，查阅相关学习资料，运用评分检验法对清香型白酒进行感官评价。

【任务引入】

白酒是一种由淀粉或糖质原料制成酒醅或发酵醪经蒸馏而得的酒精饮品，深受广大人民的喜爱。浓香型白酒，又称泸香型白酒，以泸州老窖特曲为代表。浓香型白酒具有芳香浓郁、绵柔甘冽、香味协调、入口甜、落口绵、尾净余长等特点，这也是判断浓香型白酒酒质优劣的主要依据。因此，怎样对市售的浓香型白酒进行感官评价是感官评价人员在本环节的主要任务。

【任务分析】

白酒的质量标准除了理化、卫生指标外，还有感官指标。对白酒感官特性的评价，要由评酒员运用眼、鼻、口等感觉器官，对白酒样品的色泽、香气、口味及风格等特征进行分析、评价和判断。本任务以某浓香型白酒为例，根据 GB/T 10781.1—2006《浓香型白酒》中的相关要求，对该白酒样品进行感官评价。

【相关知识】

一、白酒的概述

白酒是指以粮食、谷物为主要原料，以大曲、小曲或麸曲及酒曲等为糖化发酵剂，经蒸煮、糖化、发酵、蒸馏后制成的蒸馏酒。白酒的酒质应为无色或微黄而透明，气味芳香纯正，入口绵甜爽净，酒精含量较高，经储存老熟后，应具有以酯类为主体的复合香味。

白酒的主要成分是乙醇和水，一般占总量的98% ~ 99%，而溶于其中的物质，如酸、酯、醇、醛等种类众多的微量有机化合物，仅占总量的1% ~ 2%，但它们作为白酒的呈香、呈味物质，却决定着白酒的风格和质量，即典型性（指白酒的香气与口味协调平衡具有独特的香味和质量）。

二、白酒的感官指标

人们在饮用白酒时，一般很重视其香气及香味，因此，感官检验是对白酒质量评价的重要标准之一，即从色、香、味、风格四个方面进行评价。其中，色泽检验主要是观察酒体的色泽是否纯正，有无光泽，有无悬浮物、沉淀物等；气味检验主要是对各种白酒固有的香气进行描述，评价酒气是否清香纯正，有无酯类等物质的香气及邪杂气味；滋味检验主要以风味术语进行描述，品尝其是否清香爽口，舒柔顺和，醇厚回甜，饮后余香，回味悠长；并综合判断其是否具有该产品应有的风格特点。

GB/T 10781.1—2006《浓香型白酒》中的有关白酒感官评价的标准和相关要求，具体内容见表3—3—1。

表3—3—1　　浓香型白酒的感官指标

<table>
<tr><td rowspan="7">浓香型高度酒</td><td>项目</td><td>优级</td><td>一级</td></tr>
<tr><td>色泽与外观</td><td colspan="2">无色或微黄，清亮透明，无悬浮物，无沉淀</td></tr>
<tr><td>香气</td><td>具有浓郁的己酸乙酯为主体的复合香气</td><td>具有较浓郁的己酸乙酯为主体的复合香气</td></tr>
<tr><td>口味</td><td>酒体醇和谐调，绵甜爽净，余味悠长</td><td>酒体较醇和谐调，绵甜爽净，余味悠长</td></tr>
<tr><td>风格</td><td>具有本品典型的风格</td><td>具有本品明显的风格</td></tr>
<tr><td colspan="3">当酒的温度低于10℃时，允许出现白色絮状沉淀物或失光，10℃以上时应逐渐恢复正常</td></tr>
<tr><td rowspan="6">浓香型低度酒</td><td>项目</td><td>优级</td><td>一级</td></tr>
<tr><td>色泽与外观</td><td colspan="2">无色或微黄，清亮透明，无悬浮物，无沉淀</td></tr>
<tr><td>香气</td><td>具有较浓郁的己酸乙酯为主体的复合香气</td><td>具有己酸乙酯为主体的复合香气</td></tr>
<tr><td>口味</td><td>酒体醇和谐调，绵甜爽净，余味悠长</td><td>酒体醇和谐调，绵甜爽净</td></tr>
<tr><td>风格</td><td>具有本品典型的风格</td><td>具有本品明显的风格</td></tr>
<tr><td colspan="3">当酒的温度低于10℃时，允许出现白色絮状沉淀物或失光，10℃以上时应逐渐恢复正常</td></tr>
</table>

三、白酒的感官特征

1. 白酒的色泽

由于白酒的发酵期和储存期较长，成分也颇为复杂，通常都带有极微的黄色，这是允许的。失去光泽、混浊或夹有杂物、悬浮物、沉淀物等，则应视为酒色不正常，酒色的评语一般用无色、清澈透明、微黄色、黄色、微混浊、较透明、有沉淀、有渣滓等术语来表示。

2. 白酒的气味

酒香的评语一般是用芳香、特殊芳香、芳香悦人、芳香浓郁、香气优雅、窖香浓郁、浓香馥郁、窖香、浓香、糟香、曲香、酯香、果香、芝麻香、米香清雅、清香悠久、清香纯正、酱香突出、固有的香、特有的香、应有的香、有异香、微香、香短和香不足、香不明显、放香小、不香、香冲鼻、香不纯正、有醛臭、有乙缩醛气味、有焦糊味、有腐败臭、丙酮臭、油臭、杂醇油臭及其他臭味等术语来表示。

3. 白酒的滋味

白酒口感的评语一般用醇和、浓厚、酒体醇厚、入口甘美、落喉净爽、圆润、绵软甘洌、入口绵、落口甜、酸甜适口、各味协调、有甜味、回味悠长、后味怡畅、有药味、杂味、味短、寡淡、有辅料味、生粮味、窖泥酸味、杂醇油味、霉味、酒糟味、焦糊味、涩味、苦味、暴糙、麻味、有其他不知名的邪味和不愉快的味道等术语来表示。

4. 白酒的风格

风格，也叫风味或典型性，即是酒体的总反映，风格的鉴别就是通过品尝香与味，综合判断该产品的酒体、风格、个性。白酒风格的感官检验一般用独特固有的风格、优雅、美好、清香、酱香、浓香、米香、芝麻香、其他香、各味协调、自然协调、酒体完美恰到好处或一般风格、不突出、偏格、错格、风味不悦人等术语来表示。风格由原料、工艺相结合而创造出来的，各种香型的名优白酒，都有自己独特的风格，它是酒中各种微量香味物质达到一定比例及含量后综合阈值的物理特征的具体表现。风格就是人们对各种酒的典型的色、香、味等方面的综合性感官印象。

四、评分检验法

评分检验法是一种常用的感官评价方法，由专业的感官评价人员用一定的尺度进行评分。进行评分检验时，检验人员通常由 10 ~ 20 名感官评价人员构成。评分检验法可用来对肉蛋类、乳制品、酒类、调味品等食品进行感官评价。

评分检验法主要用于鉴评一种或多种产品的一个或多个感官指标的强度及其差异大小，特别适用于评价新产品的特性。用评分检验法进行感官评价时，首先应该确定所使用的标度类型，使鉴评人员对每一个评分点所代表的意义，有共同的认识，样品的出示顺序可以是随机的。

评分检验法根据感官评价人员各自的鉴评基准进行评价；评价时，可以通过增加评价人员人数的方法来提高精准度；也可以使用数字标度为等距标度或比率标度。评分检验法主要包括：9 分制评分法、10 分制评分法、5 分制评分法、百分制评分法、平衡评分法等。

1. 9 分制评分法

评价结果可转换成数值。如：非常不喜欢＝1，很不喜欢＝2，不喜欢＝3，不太喜欢＝4，一般＝5，稍喜欢＝6，喜欢＝7，很喜欢＝8，非常喜欢＝9。

2. 平衡评分法

例如，非常不喜欢＝–4，很不喜欢＝–3，不喜欢＝–2，不太喜欢＝–1，一般 =0，稍喜欢＝1，喜欢＝2，很喜欢＝3，非常喜欢＝4。

3. 5 分制评价法

例如，无感觉＝0，稍稍有感觉＝1，稍有感觉＝2，有感觉＝3，有较强的感觉＝4，有非常强的感觉＝5。

4. 10 分制评分法

例如，熟鲜鱼新鲜度评分标准（10 分）如下：

10 分：新鲜鱼油味，甜，肉香，奶油味，金属光泽，无不良气味。

9 分：新鲜鱼油味，甜，肉香，奶油味，具有本属特征。

8 分：油的，甜，肉香，奶香，烧焦味。

7 分：油的，甜，肉香，奶香，轻微酸败，轻微的酸味。

6 分：油的，甜，放置了几天的肉，奶香，酸败，酸味。

5 分：酸败，汗味，霉味，酸味。

4 分：酸败，汗味，奶酪味，发酸的水果，轻微的苦味。

3 分：酸败，奶酪味，酸味，苦味，腐败的水果味。

该方法认为低于 3 分的制品已经没有任何的使用价值，因此没有必要为 3 分以下的制品制定评分标准。

5. 百分制评分法

通过复合比较，分析各个样品的各个特征的差异情况。

【任务实施】

一、实验准备

配图	实验步骤	注意事项
	1. 选择不同的白酒样品，在样品上以数字 1 ~ 5 进行简单编号	样品尽量要求香型一致，本实验选择浓香型白酒
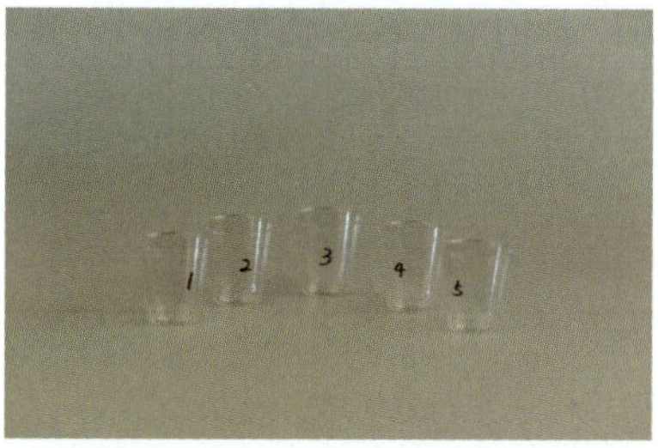	2. 选择无色透明且无异味的玻璃容器作为品尝杯，一般为 250 mL 的无色透明玻璃杯，共 5 个，以数字 1 ~ 5 进行编号	温度适宜，温度过高会增加白酒的异味，过低会减弱白酒的香味
	3. 将 5 种不同的浓香型白酒样品，分别倒入玻璃杯中，体积不宜过多或过少，约为 100 mL	
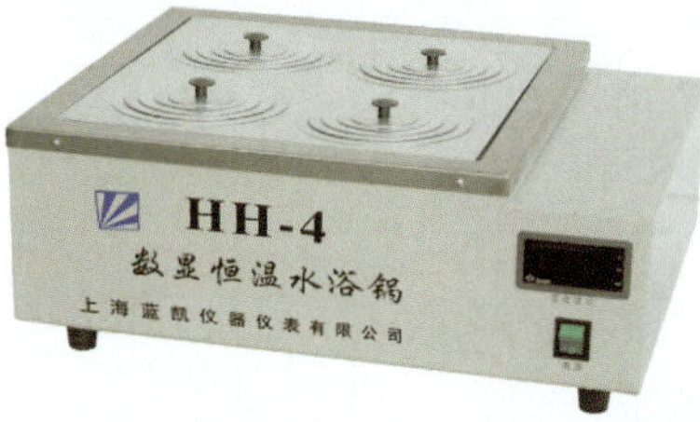	4. 对白酒样品进行调温，可选择水浴的方法，一般将温度控制在 15 ~ 20℃	

二、白酒的评分检验

配图	实验步骤	注意事项
色泽评价		
	1. 色泽。在评酒桌上覆盖一张白纸，将盛有白酒样品的玻璃杯放于桌面的白纸上，用眼睛正视或俯视	也可以选择白色的实验台进行白酒的感官评价
	2. 透过光线，观察白酒样品有无色泽及色泽深浅，同时做好记录	一般光源为自然光或白色灯光
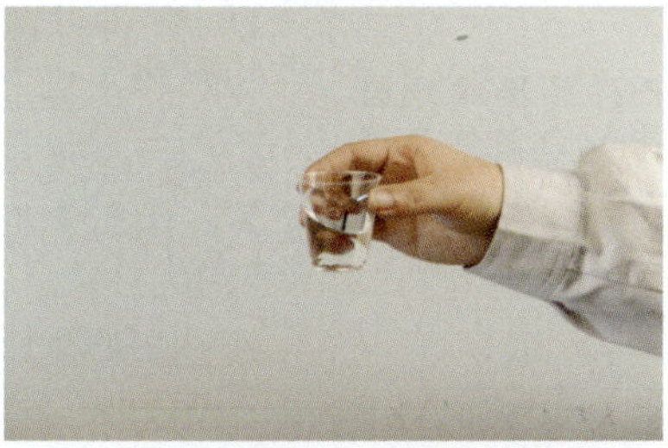	3. 透明度及可见物。再将酒杯以单手拿起，然后轻轻摇动，使酒液搅动，看杯中白酒有无可见物	
	4. 也可以由上至下，垂直观察白酒样品的透明度、有无悬浮物及沉淀物	
	5. 根据视觉评价，对照国家标准，做出白酒色泽的鉴评结论，将评分结果记录在表 3—3—3 中	

续表

配图	实验步骤	注意事项
气味评价		
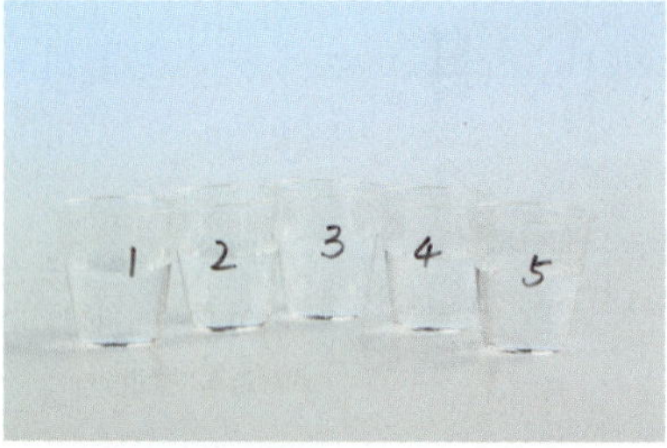	1. 气味。在嗅闻白酒样品前，首先将品尝杯按照 1 ~ 5 的顺序排列好，依次辨别酒样的香气和异香	按照 1 ~ 5 的顺序进行嗅觉检验
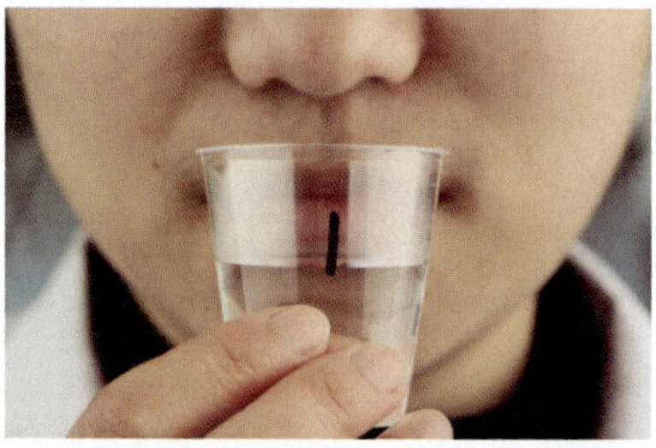	2. 以单手拿起 1 号品尝杯，将盛有白酒样品的玻璃杯靠近鼻子，一般距离为 1 ~ 3 cm	每次嗅闻，鼻子和酒杯的距离要保持一致
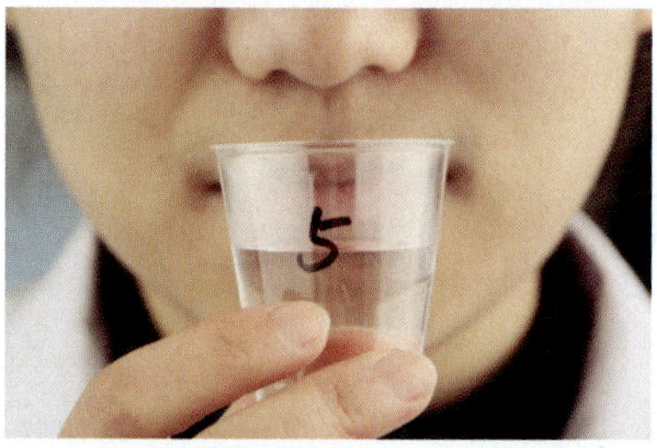	3. 先对准白酒样品缓缓地吸气，再对品尝杯中的白酒样品进行深呼吸，按 1 ~ 5 的顺序进行	1. 嗅闻时，只能对酒吸气，不要呼气； 2. 每次吸气不要过猛，吸气量不要忽大忽小
	4. 完成上述操作后，再按反顺序进行嗅闻，即 5 ~ 1 的顺序	嗅闻方法同 1 ~ 5 的顺序
	5. 将香气突出的排列在前，香气小的、气味不正的排列在后，确定质量的优劣顺序	

续表

配图	实验步骤	注意事项
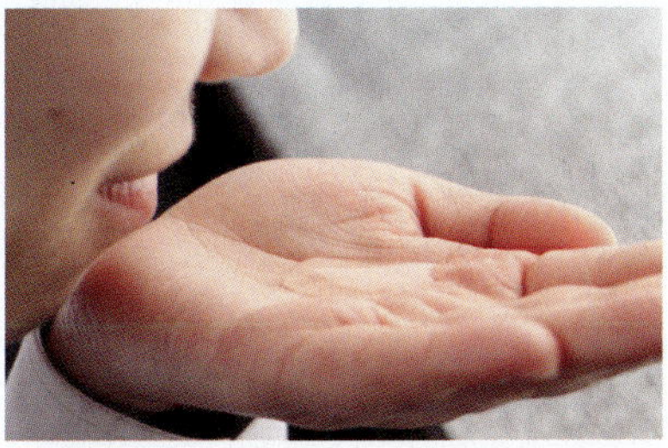	6. 也可采用把酒滴在手心或手背上，依靠手的温度使酒挥发，再闻其香气	
	7. 或把酒倒掉，放置 10 ~ 15 min 后，嗅闻空杯中的气味的强弱	
	8. 根据嗅觉评价，对照国家标准，做出白酒气味的鉴评结论，将评分结果记录在表 3—3—3 中	
滋味检验		
	1. 滋味。选择上述一种白酒样品，以单手拿起酒杯，将少量白酒样品含在口中，入口量为 4 ~ 10 mL	1. 在进行滋味评价时，只选择一种样品 2. 每次含入口中的酒量，必须保持一致
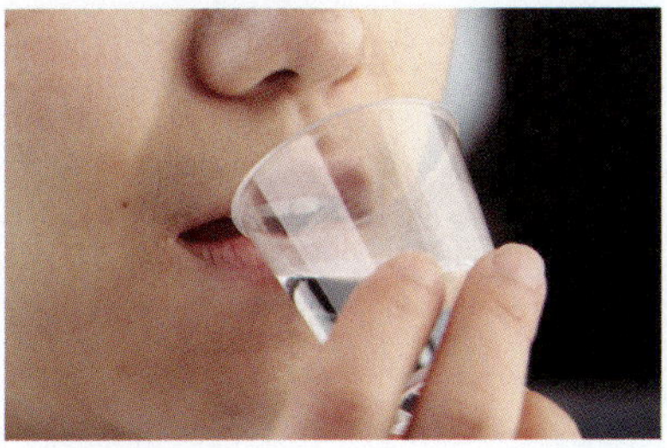	2. 酒液入口时，要慢而稳，让酒液充满口腔，停留 3 ~ 5 s	在用舌头品尝酒的滋味时，要分析嘴里酒的各种味道变化情况，最初是甜味，然后是酸味和咸味，最后是苦味、涩味

续表

配图	实验步骤	注意事项
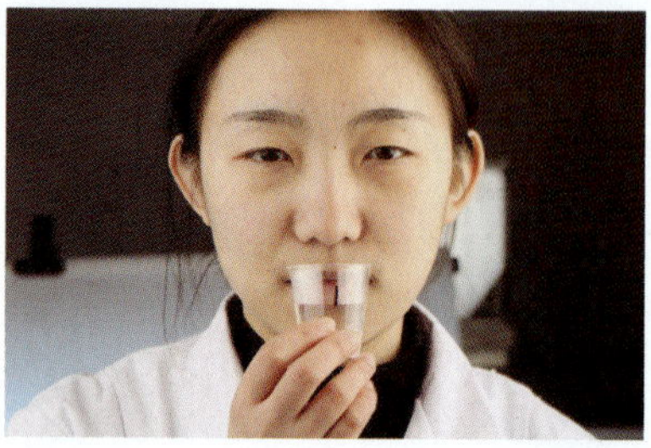	3. 接着，用舌头抵住上颌，将酒气随呼吸从鼻孔排出，以检查酒性是否刺鼻	
	4. 舌面要在口腔中移动，以领略涩味程度，然后吐至水池或废液缸	不要咽下白酒样品
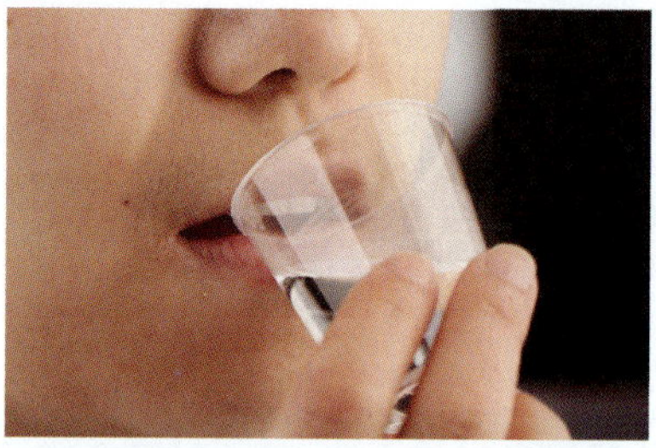	5. 用温热的茶水漱口，按上述方法重复一次，进行第二次品尝	若无茶水，可以用微甜的糖水代替
	6. 再次吐出后，根据两次尝味后形成的综合印象判断优劣	不要咽下白酒样品
	7. 根据味觉评价，对照国家标准，做出白酒滋味的鉴评结论，将评分结果记录在表 3—3—3 中	

根据国家标准及表 3—3—1 浓香型高度酒的感官指标与浓香型低度酒的感官指标中的相关要求，浓香型白酒的感官评分标准见表 3—3—2。

表 3—3—2　　浓香型白酒的感官评分标准

项目	标准	最高分	扣分
色泽	无色透明 酒色不正常应扣分，有混浊现象 有沉淀和悬浮物 色泽过黄或不能显示透明 出现明显沉淀，及不应出现的颜色	10	 3 ~ 4 分 2 ~ 5 分 2 分 10 分
气味	具有本香型的典型特点 香气悠久而舒畅 香不足，欠纯正 有不愉快的香气 有杂醇油和其他臭味	25	 0 ~ 2 分 2 ~ 4 分 4 分 10 分以上
滋味	具有本香型酒的回味特点 各味谐调 欠绵软，欠回甜，味稍淡等 冲辣，后味苦，有涩味等 有焦糊味、辅料味、杂醇油味、酒尾味等 有其他邪杂味	50	 0 ~ 2 分 2 ~ 4 分 3 ~ 6 分 5 ~ 10 分 10 分以上
风格	具有浓香型白酒的典型风格 具有浓香型白酒的明显风格 具有浓香型白酒的风格 能分辨出浓香型白酒的风格 无法分辨白酒的香型及风格	15	 1 ~ 2 分 4 ~ 5 分 6 ~ 8 分 10 分以上

根据国家标准，一般对浓香型白酒进行感官评价时，评价人员可以多次鉴别，并完成浓香型白酒感官评价实验记录表，见表 3—3—3。

表 3—3—3　　浓香型白酒感官评价实验记录表

样品名称：______　　评价员姓员：______　　检验日期：______

编号	1	2	3	4	5
项目 \ 得分 \ 样品号					
色泽 10%					
气味 25%					
滋味 50%					
风格 15%					
评语					
备注					

【考核评价】

<table>
<tr><th rowspan="2">素质</th><th>内容</th><th rowspan="2">评价项目</th><th colspan="3">评价</th></tr>
<tr><th>学习目标</th><th>个人评价 30%</th><th>小组评价 30%</th><th>教师评价 40%</th></tr>
<tr><td>知识（20分）</td><td>应知</td><td>1. 了解评分检验法的概念
2. 熟悉评分检验法的基本步骤
3. 掌握评分检验法的要点
4. 了解其他香型白酒的感官评价标准</td><td></td><td></td><td></td></tr>
<tr><td rowspan="4">专业能力（60分）</td><td>准备工作（10分）</td><td>1. 仪器、样品符合操作标准
2. 能用随机数编号，能正确选定呈送顺序
3. 能理解每一个评分点的意义</td><td></td><td></td><td></td></tr>
<tr><td>正确对白酒进行感官评价（20分）</td><td>1. 操作方法、程序正确
2. 能用规范的操作完成判断检验</td><td></td><td></td><td></td></tr>
<tr><td>正确判断结果记录（20分）</td><td>1. 操作方法、程序正确
2. 能用规范的数据及文字记录实验结果</td><td></td><td></td><td></td></tr>
<tr><td>遵守安全、卫生要求（10分）</td><td>1. 遵守实验室安全规范
2. 遵守实验室卫生规范</td><td></td><td></td><td></td></tr>
<tr><td rowspan="2">通用能力（10分）</td><td>动作协调能力（5分）</td><td>动作灵活、准确，双手配合协调</td><td></td><td></td><td></td></tr>
<tr><td>与人合作能力（5分）</td><td>与同学互相配合，团结互助</td><td></td><td></td><td></td></tr>
<tr><td>态度（10分）</td><td>认真、细致、勤劳</td><td>实验态度认真，实验记录清楚、完整</td><td></td><td></td><td></td></tr>
<tr><td colspan="3">总分</td><td></td><td></td><td></td></tr>
<tr><td colspan="3">平均分</td><td colspan="3"></td></tr>
</table>

【思考与练习】

1. 简述白酒的感官指标。
2. 试用9分制评分法设计白酒的感官评分表。
3. 运用评分检验法评价清香型白酒样品的感官特性。

【知识拓展】

一、白酒的分类

白酒有香味，就有了香味的分类，那么就出现了香型。酿造白酒所采用的原料不同，有的是高粱，有的是大米；所选用的糖化发酵剂不同，有的是大麦和豌豆制成的中温大曲，有的是小麦制成的中温大曲或高温大曲，有的是大米制成的小曲、麸皮以及各种微生物制成麸曲等；所使用的发酵容器设备不同，有的是陶缸、水泥池、砖池、箱，有的是泥池老窖等；所采取的酿造工艺不同，有的是清蒸清渣、续精混蒸、回沙发酵，有的是固态和液态发酵等；所处酿造环境的气候条件不同，有的干湿度高，有的干湿度低，有的气温高，有的气温低等。因此，各个厂家所酿制的酒品，其香韵特点也就各不一样。由中国食品工业协会、中国质量检验协会、中国质量管理协会、中国食协白酒专业协会在1994年12月28日联合发布的通告中，已将中国的白酒分为以下6大香型：

1. 酱香型。以贵州省仁怀市的茅台酒为典型代表。这种香型的白酒，以高粱为原料，以小麦高温制成的高温大曲或纵曲和产酯酵母为糖化发酵剂，采用高温堆积，一年一周期，二次投料，八次发酵，七次高温烤酒，多次取酒，长期陈储的酿造工艺酿制而成。

2. 清香型。以山西省汾阳市杏花村的汾酒为典型代表。这种香型的白酒以高粱等谷物为原料，以大麦和豌豆制成的中温大曲为糖化发酵剂，采用清蒸清渣酿造工艺、固态地缸发酵、清蒸流酒，强调“清蒸排杂、清洁卫生”，即都在一个“清”字上下功夫，一清到底。

3. 浓香型。以四川泸州老窖特曲酒为典型代表。这种香型的白酒是以高粱、大米等谷物为原料，以大麦和豌豆或小麦制成的中、高温大曲为糖化发酵剂，采用的酿造工艺是混蒸续渣、酒糟配料、老窖发酵、缓火蒸馏、储存、勾兑等酿造工艺酿造而成的。

4. 米香型。以广西壮族自治区桂林市的三花酒为典型代表。这种香型的白酒以大米为主要原料，以大米制成的小曲为糖化发酵剂，不加辅料，采用固态糖化、液态发酵、液态蒸馏，取酒储存的工艺酿制而成。

5. 凤香型。以陕西省宝鸡市凤翔县的西凤酒为典型代表。这种香型的白酒，以高粱为原料，以大麦和豌豆制成的中温大曲或麸曲和酵母为糖化发酵剂，采用续渣配料，土窖发酵，酒海容器储存等酿造工艺酿制而成。

6. 兼香型。以湖北宜昌的西陵特曲为典型代表。这种香型的白酒，以高粱为原料，以小麦制成的中、高温大曲或以麸曲和产酯酵母为糖化发酵剂，采用高温堆积、泥窖发酵、缓慢蒸馏、储存、勾兑等酿造工艺酿制而成。

二、酱香型白酒的感官指标

酱香型白酒的感官指标见表 3—3—4。

表 3—3—4　　酱香型白酒的感官指标

	项目	优级	一级	二级
酱香型高度酒	色泽和外观	无色或微黄，清亮透明，无悬浮物，无沉淀		
	气味	酱香突出，香气优雅，空杯留香持久	酱香较突出，香气舒适，空杯留香较长	酱香明显，有空杯香
	口味	酒体醇和，丰满，诸味谐调，回味悠长	酒体醇和，谐调，回味长	酒体较醇和谐调，回味较长
	风格	具有本品典型风格	具有本品明显风格	具有本品风格
	当酒的温度低于 10℃时，允许出现白色絮状沉淀物或失光，10℃以上时应逐渐恢复正常			
酱香型低度酒	项目	优级	一级	二级
	色泽和外观	无色或微黄，清亮透明，无悬浮物，无沉淀		
	气味	酱香较突出，香气较优雅，空杯留香久	酱香较纯正，空杯留香好	酱香较明显，有空杯香
	口味	酒体醇和，谐调，味长	酒体柔和，谐调，味较长	酒体较柔和，谐调，回味尚长
	风格	具有本品典型风格	具有本品明显风格	具有本品风格
	当酒的温度低于 10℃时，允许出现白色絮状沉淀物或失光，10℃以上时应逐渐恢复正常			

三、清香型白酒的感官指标

清香型白酒的感官指标见表 3—3—5。

表 3—3—5　　清香型白酒的感官指标

	项目	优级	一级
清香型高度酒	色泽与外观	无色或微黄，清亮透明，无悬浮物，无沉淀	
	香气	清香纯正，具有乙酸乙酯为主体的优雅、谐调的复合香气	清香纯正，具有乙酸乙酯为主体的优雅、谐调的复合香气
	口味	酒体柔和谐调，绵甜爽净，余味悠长	酒体较柔和谐调，绵甜爽净，余味悠长
	风格	具有本品典型的风格	具有本品明显的风格
	当酒的温度低于 10℃时，允许出现白色絮状沉淀物或失光，10℃以上时应逐渐恢复正常		

续表

	项目	优级	一级
清香型低度酒	色泽与外观	无色或微黄，清亮透明，无悬浮物，无沉淀	
	香气	清香纯正，具有乙酸乙酯为主体的清雅、谐调的复合香气	清香较纯正，具有乙酸乙酯为主体的香气
	口味	酒体柔和谐调，绵甜爽净，余味较长	酒体柔和谐调，绵甜爽净，有余味
	风格	具有本品典型的风格	具有本品明显的风格
	当酒的温度低于10℃时，允许出现白色絮状沉淀物或失光，10℃以上时应逐渐恢复正常		

四、米香型白酒的感官指标

米香型白酒的感官指标见表3—3—6。

表3—3—6　　米香型白酒的感官指标

	项目	优级	一级
米香型高度酒	色泽与外观	无色，清亮透明，无悬浮物，无沉淀	
	香气	米香纯正，清雅	米香纯正
	口味	酒体醇和，绵甜、爽洌，回味怡畅	酒体较醇和，绵甜、爽洌，回味较畅
	风格	具有本品典型的风格	具有本品明显的风格
	当酒的温度低于10℃时，允许出现白色絮状沉淀物或失光，10℃以上时应逐渐恢复正常		
米香型低度酒	项目	优级	一级
	色泽与外观	无色，清亮透明，无悬浮物，无沉淀	
	香气	米香纯正，清雅	米香纯正
	口味	酒体醇和，绵甜、爽洌，回味较怡畅	酒体较醇和，绵甜、爽洌，有回味
	风格	具有本品典型的风格	具有本品明显的风格
	当酒的温度低于10℃时，允许出现白色絮状沉淀物或失光，10℃以上时应逐渐恢复正常		

本任务是以干红葡萄酒为例，根据 GB 15037—2006《葡萄酒》中的相关要求，对该葡萄酒样品进行感官评价。

【相关知识】

葡萄酒是用新鲜的葡萄或葡萄汁经发酵酿成的酒精饮料，葡萄酒的分类参见项目二任务 3。

一、葡萄酒的感官指标

葡萄酒的感官质量包括两个方面：一方面是它的层次性，即根据同一种类的葡萄酒给我们感官刺激的综合表现，得出好酒与劣酒的结论，而在最好或最坏两个极端类型之间还存在着很多中间类型；另一方面是葡萄酒的风格，即区别于其他葡萄酒的特性和风格，即所谓的典型性。

葡萄酒感官评价的内容，包括葡萄酒的外观、香气、滋味、典型性等，感官指标是评价葡萄酒质量的最终及最有效的指标。GB 15037—2006《葡萄酒》给出了葡萄酒的感官评价标准和相关要求，具体内容见表 3—4—1。进行感官评价时也可以参考表 3—4—2。

表 3—4—1　　葡萄酒的感官要求

项目			要求
外观	色泽	白葡萄酒	近似无色、微黄带绿、浅黄、禾杆黄、金黄色
		红葡萄酒	紫红、深红、宝石红、红微带棕色、棕红色
		桃红葡萄酒	桃红、浅玫瑰红、浅红色
	澄清程度		澄清，有光泽，无明显悬浮物（使用软木塞封口的酒，允许有少量软木渣，装瓶超过 1 年的葡萄酒允许有少量沉淀）
	起泡程度		起泡葡萄酒注入杯中时，应有细微的串珠状气泡升起，并有一定的持续性
香气与滋味	香气		具有纯正、优雅、怡悦、和谐的果香与酒香，陈酿型的葡萄酒还应具有陈酿香或橡木香
	滋味	干、半干葡萄酒	具有纯正、优雅、爽怡的口味和悦人的果香味，酒体完整
		甜、半甜葡萄酒	具有甘甜醇厚的口味和陈酿的酒香味，酸甜谐调，酒体完整
		起泡葡萄酒	具有优美醇正、和谐悦人的口味和发酵起泡酒的特有香味，有杀口力
典型性			具有标注的葡萄酒品种及产品类型应有的特征和风格

表 3—4—2　　葡萄酒感官分级评价描述

等级	描述
优级品 90 分以上	具有该产品应有的色泽，自然、悦目、澄清（透明）、有光泽，具有纯正、浓郁、优雅和谐的果香（酒香），诸香谐调，口感细腻、舒顺、酒体丰满、完整、回味绵长，具有该产品应有的怡人的风格
优良品 80 ~ 89 分	具有该产品的色泽，澄清透明，无明显悬浮物，具有纯正和谐的果香（酒香），口感纯正，较舒顺，较完整，优雅，回味较长，具有良好的风格
合格品 70 ~ 79 分	与该产品应有的色泽略有不同，缺少自然感，允许有少量沉淀，具有该产品应有的气味，无异味，口感尚平衡，欠谐调、完整，无明显缺陷
不合格品 65 ~ 69 分	与该产品应有的色泽明显不符，严重失光或混浊，有明显异香、异味，酒体寡淡、不协调，或有其他明显的缺陷（除色泽外，只要有一条，即判定为不合格产品）
劣质品 55 ~ 64 分	不具备应有的特征

在 NY/T 276—1995《绿色食品　干红葡萄酒》（该标准被 NY/T 274—2004 替代，本书为区别各种不同葡萄酒仍采用该标准）中，给出了葡萄酒的感官评价指标和相关要求，具体内容见表 3—4—3。

表 3—4—3　　干红葡萄酒的感官指标

项目	指标
色泽	紫红、深红、宝石红、红微带棕、棕红色
澄清程度	澄清透明、有光泽、无明显悬浮物（使用软木塞封口的酒允许有三粒以下不大于 1 mm 的软木渣）
香气	具有纯正、优雅、悦怡、和谐的果香和酒香
滋味	具有纯净、优雅、爽怡的口味和新鲜悦人的果香味、酒体完整
典型性	典型突出，明确

二、葡萄酒的视觉评价

1. 视觉检验原理

葡萄酒的视觉检验主要是看酒体的澄清度、混浊度、色泽及可见物等。

（1）不同葡萄酒的澄清度也各不相同，大致分为清亮透明、晶莹透明、有光泽、光亮等。

（2）不同葡萄酒的混浊度也各不相同，大致分为略失光、失光、欠透明、微混浊、极混浊、雾状混浊、乳状混浊等。

（3）不同葡萄酒的色泽也各不相同，大致分为：

1）白葡萄酒的颜色可以为近似无色、禾杆黄泛青绿、禾杆黄、暗黄、金黄、琥珀黄、铅色、棕色等；

2）桃红葡萄酒的颜色可以为黄玫瑰红、橙玫瑰红、玫瑰红、橙红、洋葱皮红、紫玫瑰红等；

3）红葡萄酒的颜色可以为紫红、鲜红、宝石红、石榴红、瓦红、砖红、黄红、棕红等。

（4）不同葡萄酒的沉淀也各不相同，大致分为有沉淀、有纤维状沉淀、有颗粒状沉淀、有酒石结晶、有片状沉淀、有块状沉淀等。

2. 视觉评价内容

葡萄酒的视觉评价内容，主要包括色泽与色调、澄清度、光泽度、流动性和起泡性。

三、葡萄酒的嗅觉评价

1. 嗅觉评价内容

葡萄酒的嗅觉评价内容主要包括浓郁度；纯净度 / 质量；优雅度 / 丰富性以及谐调性 / 持久性。

2. 葡萄酒中气味分类

葡萄酒中的气味应是由醇、酯、酸、醛、羰基化合物、萜烯类、内酯、挥发性酚类、杂环化合物等物质构成的。按照气味来源分类，可分为三类：品种香，源于葡萄品种的香气，又称一类香气；发酵香，微生物发酵产生的香气，又称二类香气；陈酿香，陈酿演化以及其他材料赋予的香气，又称三类香气。

四、葡萄酒的味觉评价

1. 味觉评价内容

葡萄酒的味觉评价内容主要包括入口强度、发展与变化、口味长度、收尾感觉和回味。

2. 葡萄酒的口感

（1）甜味物质及口感。在葡萄酒中具有甜味的物质主要是糖和醇类物质。构成葡萄酒柔和、肥硕、圆润等口感特征。

（2）酸味物质及口感。葡萄酒中能被感觉到酸味的物质是一些游离状态的有机酸。这些有机酸按照不同的分类方法，分为固定酸和挥发酸两大类，它们分别来源于浆果和发酵。

（3）咸味物质及口感。葡萄酒中的咸味物质主要是无机盐和少量有机酸盐，它们来源于葡萄原料、土壤、工艺处理，含量为 2 ~ 4 g/L，因品种、土壤、酒种的不同而存在差异。

（4）苦味和涩味物质及口感。葡萄酒中的苦味及涩味物质主要有酚类化合物，酚酸、类黄酮，缩合单宁，聚合黄烷醇类多酚，无色花色苷（果皮、种子、果梗）。

【任务实施】

一、实验准备

配图	实验步骤	注意事项
	1. 根据相关标准，选择适宜的容器作为品酒杯，本节实验选择小的玻璃杯即可	对于非加气的红葡萄酒，一般选择郁金香型品酒杯
	2. 进行感官评价前，应先对葡萄酒样品进行调温	调节去除标贴后的酒的温度，使其达到：干红红葡萄酒 16 ~ 18℃
	3. 除去葡萄酒瓶塞上的铝帽，用酒刀开启木塞	注意开瓶器的安全使用

续表

配图	实验步骤	注意事项
	4. 以数字 1 ~ 5，对不同的葡萄酒样品进行简单编号	将调温后的酒瓶外部擦干净，小心开启瓶塞，不使任何异物落入
	5. 将葡萄酒样品倒入品尝杯中，一般酒在杯中的高度为 1/4 ~ 1/3	

二、葡萄酒的评分检验

配图	实验步骤	注意事项
	1. 色泽。在适宜的非直射光线下，用食指和拇指捏住品尝杯的杯脚，将杯置于齐腰的高度，或将品尝杯置于桌上，低头垂直观察液面	1. 葡萄酒的液面呈圆盘状，必须洁净、光亮、完整 2. 本任务选择无色透明的玻璃杯代替品酒杯
	2. 垂直观察液面，可以看到酒体呈透明或半透明，观察葡萄酒样品中有无肉眼可见物	以下步骤为用眼观察杯中酒的色泽、透明度与澄清程度，有无沉淀及悬浮物

续表

配图	实验步骤	注意事项
	3. 以单手拿起酒杯，用白纸或其他白色物体作为背景，透过光线，观察干红葡萄酒样品的颜色	
	4. 再将酒杯举至双眼高度，观察酒体，包括透明度及有无悬浮物或沉淀物等	样品的颜色有助于判断葡萄酒的酒龄、醇厚度和成熟状况
	5. 将酒杯倾斜或摇动品尝杯，使酒均匀分布在品尝杯内壁上，静置后观察杯壁，有无挂杯现象	杯壁上的液柱下降速度的快慢反映了样品酒中酒精、还原糖、干物质等的含量
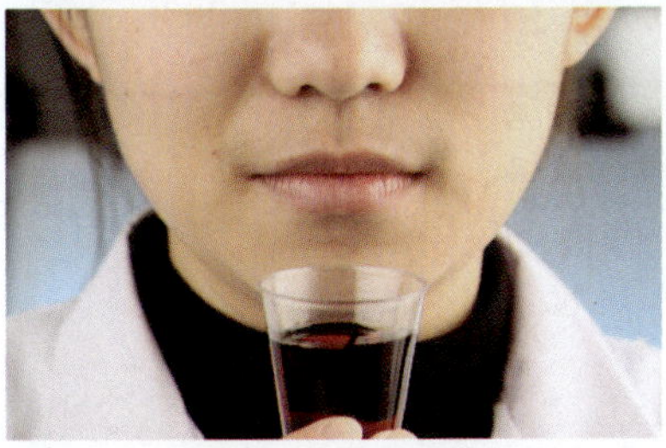	6. 气味。将盛有干红葡萄酒样品的品尝杯，移至鼻子下方 3 ~ 5 cm 处，对准杯口，深吸一口气	
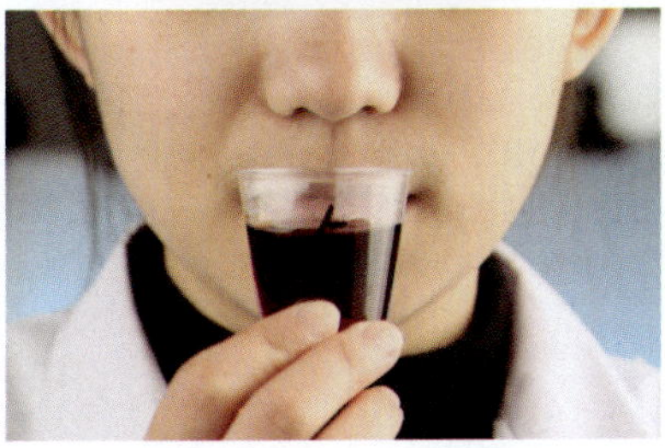	7. 第一次闻香：在静止状态下分析葡萄酒的香气，闻香时应慢慢地吸进品尝杯中的空气	

续表

配图	实验步骤	注意事项
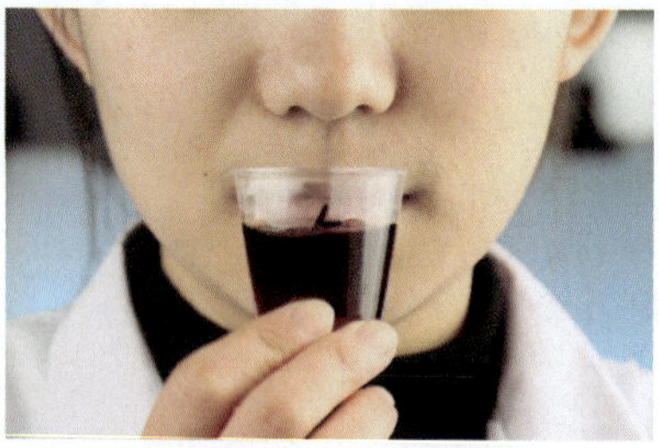	8. 第二次闻香：摇动酒杯，使葡萄酒呈圆周运动，促使挥发性弱的物质释放，可重复进行	
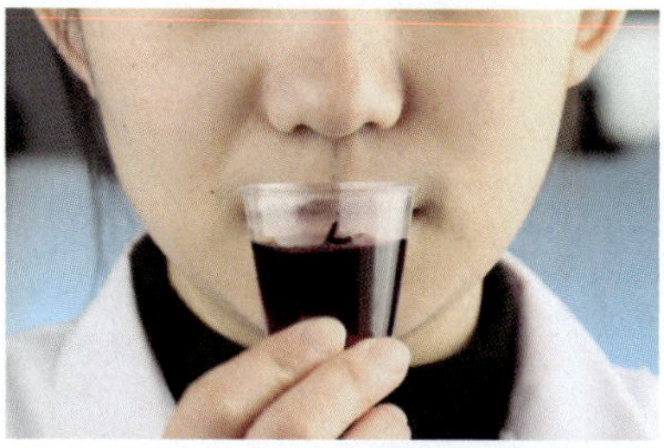	9. 第三次闻香：闻香前，先使劲摇动酒杯，使葡萄酒剧烈转动，深吸杯中空气，主要用于鉴别香气中的缺陷	
	10. 滋味。拿起酒杯，轻轻向口中吸气，并控制吸入酒量，使样品均匀分布在平展的舌头表面	样品应尽量均匀分布于味觉区，仔细品尝，酒量应控制在 6 ~ 10 mL
	11. 葡萄酒进入口腔后，利用舌头和面部肌肉搅动样品，通过口腔的温度，加热酒样	
	12. 在口感分析后，咽下少量样品，其余部分吐出，用舌头舔牙齿及口腔表面，判断酒的尾味	除评价需要外，大部分样品不要咽下

续表

配图	实验步骤	注意事项
	13. 评价。根据葡萄酒的外观、香气、滋味等特点进行综合分析	
	14. 填写葡萄酒的感官评价表，并为样品酒的外观、果香 / 醇香、口感 / 结构、后味、总体印象打分	
	15. 给出结论及意见，完成表 3—4—5 的填写	

根据国家标准、表 3—4—1 与表 3—4—3，制定葡萄酒的感官评分标准（见表 3—4—4）。

表 3—4—4 葡萄酒的感官评分标准

项目	标准	最高分	扣分
外观	具有本品正常色泽，酒液清亮，无混浊现象 具有该产品的色泽；澄清透明，有少量悬浮物 与该产品应有的色泽略有不同，有少量沉淀 与该产品应有的色泽明显不符，严重失光或混浊 不具备正常干红葡萄酒应有的特征	15	1 ~ 3 分 4 ~ 6 分 7 ~ 9 分 10 分以上
果香 醇香	具有纯正、优雅、怡悦、和谐的果香与酒香 具有纯正和谐的果香（酒香） 具有该产品应有的气味，无异味 有明显异香 不具备正常干红葡萄酒应有的特征	30	2 ~ 5 分 6 ~ 9 分 10 ~ 14 分 15 分以上

续表

项目	标准	最高分	扣分
口感 结构	酸甜适口，醇厚纯净无异味，酒体完整 口感纯正，较舒顺，较完整，优雅 无异味，口感尚平衡 有明显异味 不具备正常干红葡萄酒应有的特征	30	2 ~ 5 分 6 ~ 9 分 10 ~ 14 分 15 分以上
后味 总体 印象	具有产品类型的应有特征及风味 回味较长，具有良好的风格 缺少自然感，欠谐调、完整，无明显缺陷 酒体寡淡、不谐调，或有其他明显的缺陷 不具备正常干红葡萄酒应有的特征	25	2 ~ 4 分 5 ~ 9 分 10 ~ 13 分 14 ~ 19 分

根据国家标准，一般对干红葡萄酒进行感官评价时，评价人员可以多次鉴别，并完成实验记录表（见表 3—4—5）的填写。

表 3—4—5　　干红葡萄酒感官评价实验记录表

样品名称：____________　评价员姓名：____________　检验日期：____________

编号	1	2	3	4	5
样品号 得分 项目					
外观 15%					
果香 / 醇香 30%					
口感 / 结构 30%					
后味 15%					
总体印象 10%					
评语					
备注					

【考核评价】

素质	内容	评价项目	评价		
	学习目标		个人评价 30%	小组评价 30%	教师评价 40%
知识（20 分）	应知	1. 了解评分检验法的概念 2. 熟悉评分检验法的基本步骤 3. 掌握评分检验法的要点 4. 了解其他类型葡萄酒的感官评价标准			

续表

素质	内容 学习目标	评价项目	评价		
			个人评价30%	小组评价30%	教师评价40%
专业能力（60分）	准备工作（10分）	1. 仪器、样品符合操作标准 2. 能用随机数编号，能正确选定呈送顺序 3. 能理解每一个评分点的意义			
	正确对葡萄酒进行感官评价（20分）	1. 操作方法、程序正确 2. 能用规范的操作完成判断检验			
	正确判断结果记录（20分）	1. 操作方法、程序正确 2. 能用规范的数据及文字记录实验结果			
	遵守安全、卫生要求（10分）	1. 遵守实验室安全规范 2. 遵守实验室卫生规范			
通用能力（10分）	动作协调能力（5分）	动作灵活、准确，双手配合协调			
	与人合作能力（5分）	与同学互相配合，团结互助			
态度（10分）	认真、细致、勤劳	实验态度认真，实验记录清楚、完整			
总分					
平均分					

【思考与练习】

1. 简述葡萄酒的感官要求。
2. 完成对干白葡萄酒样品整体风格的感官评价。

【知识拓展】

一、干白葡萄酒的感官指标

根据NY/T 274—1995《绿色食品 干白葡萄酒》（该标准已被NY/T 274—2004替

代），干白葡萄酒的感官指标见表 3—4—6。

表 3—4—6　　干白葡萄酒的感官指标

项目	指标
色泽	近似无色，微黄带绿、拽黄、禾杆黄、金黄色
澄清程度	澄清透明、有光泽、无明显悬浮物（使用软木塞封口的酒允许有三粒以下不大于 1 mm 的软木渣）
香气	具有纯正、优雅、怡悦、和谐的果香和酒香
滋味	具有纯净、优雅、爽怡的口味和新鲜悦人的果香味、酒体完整
典型性	典型突出，明确

二、半干白葡萄酒的感官指标

根据 NY/T 275—1995《绿色食品　半干白葡萄酒》（该标准已被 NY/T 274—2004 替代），半干白葡萄酒的感官指标见表 3—4—7。

表 3—4—7　　半干白葡萄酒的感官指标

项目	指标
色泽	近似无色，微黄带绿、浅黄、禾杆黄、金黄色
澄清程度	澄清透明、有光泽、无明显悬浮物（使用软木塞封口的酒允许有三粒以下不大于 1 mm 的软木渣）
香气	具有纯正、优雅、怡悦、和谐的果香和酒香
滋味	具有纯净、优雅、爽怡的口味和新鲜悦人的果香味、酒体完整
典型性	典型突出，明确

三、半干红葡萄酒的感官指标

根据 NY/T 277—1995《绿色食品　半干红葡萄酒》（该标准已被 NY/T 274—2004 替代），半干红葡萄酒的感官指标见表 3—4—8。

表 3—4—8　　半干红葡萄酒的感官指标

项目	指标
色泽	紫红、深红、宝石红、红微带棕、棕红色
澄清程度	澄清透明、有光泽、无明显悬浮物（使用软木塞封口的酒允许有三粒以下不大于 1 mm 的软木渣）
香气	具有纯正、优雅、悦怡、和谐的果香和酒香

续表

项目	指标
滋味	具有纯净、优雅、爽怡的口味和新鲜悦人的果香味、酒体完整
典型性	典型突出，明确

四、干桃红葡萄酒的感官指标

根据 NY/T 278—1995《绿色食品　干桃红葡萄酒》（该标准已被 NY/T 274—2004 替代），干桃红葡萄酒的感官指标见表 3—4—9。

表 3—4—9　　干桃红葡萄酒的感官指标

项目	指标
色泽	桃红、浅玫瑰红、浅红色
澄清程度	澄清透明、有光泽、无明显悬浮物（使用软木塞封口的酒允许有 3 粒以下不大于 1 mm 的软木渣）
香气	具有纯正、优雅、悦怡、和谐的果香和酒香
滋味	具有纯净、优雅、爽怡的口味和新鲜悦人的果香味、酒体完整
典型性	典型突出，明显

项目四

乳制品的感官检验

【先导知识】

乳制品是指以生鲜牛（羊）乳及其制品为主要原料，经加工制成的产品。它包括液体乳类（杀菌乳、灭菌乳、酸牛乳、配方乳），乳粉类（全脂乳粉、脱脂乳粉、全脂加糖乳粉和调味乳粉、婴幼儿配方乳粉、其他配方乳粉），炼乳类（全脂淡炼乳、全脂加糖炼乳、调味/调制炼乳、配方炼乳），乳脂肪类（稀奶油、奶油、无水奶油），干酪类（原干酪、再制干酪）和其他乳制品类（干酪素、乳糖、乳清粉等）。下面对主要的乳制品进行简要介绍。

一、杀菌乳

以生鲜牛（羊）乳为原料，经过巴氏杀菌处理制成的液体产品，经巴氏杀菌后，生鲜乳中的蛋白质及大部分维生素基本无损，但是没有100%地杀死所有微生物，所以杀菌乳不能常温储存，需低温冷藏储存，保质期为2～15天。

二、酸乳

以生鲜牛（羊）乳或复原乳为主要原料，添加或不添加辅料，使用保加利亚乳杆菌、嗜热链球菌的菌种发酵制成的产品。按照所用原料的不同，分为纯酸牛乳、调味酸牛乳、果料酸牛乳；按照脂肪含量的不同，分为全脂、部分脱脂、脱脂等品种。

三、灭菌乳

以生鲜牛（羊）乳或复原乳为主要原料，添加或不添加辅料，经灭菌制成的液体产品，由于生鲜乳中的微生物全部被杀死，灭菌乳不需冷藏，常温下保质期为1～8个月。

四、乳粉

以生鲜牛（羊）乳为主要原料，添加或不添加辅料，经杀菌、浓缩、喷雾干燥制成的粉状产品。按脂肪含量、营养素含量、添加辅料的区别，分为：全脂乳粉、低脂乳粉、脱脂乳粉、全脂加糖乳粉、调味乳粉和配方乳粉。其中，配方乳粉是针对不同人群的营养需要，以生鲜乳或乳粉为主要原料，去除了乳中的某些营养物质或强化了某些营养物质（也可能二者兼而有之），经加工干燥而成的粉状产品，配方乳粉的种类包括婴儿、老年及其他特殊人群需要的乳粉。

五、炼乳

以生鲜牛（羊）乳或复原乳为主要原料，添加或不添加辅料，经杀菌、浓缩，制成的黏稠态产品。按照添加或不添加辅料，分为全脂淡炼乳、全脂加糖炼乳、调味/调制炼乳、配方炼乳。

六、干酪

以生鲜牛（羊）乳或脱脂乳、稀奶油为原料，经杀菌、添加发酵剂和凝乳酶，使蛋白质凝固，排出乳清，制成的固态产品。

任务 1　鲜乳的感官检验

【学习目标】

1. 了解影响鲜乳感官品质的因素。
2. 熟悉鲜乳感官检验的内容和标准。
3. 掌握描述性分析感官检验法的原理和操作方法。
4. 能在没有教师指导的情况下查阅相关资料，对发酵乳进行感官检验。

【任务引入】

鲜牛乳是一种仅次于人类母乳的营养成分最全且营养价值最高的液体食品。鲜牛乳中含有丰富的蛋白质、脂肪、氨基酸、糖类、盐类、钙、磷、铁等各种常量、微量维生素、酶和抗体等，最容易被人体消化吸收。牛乳中含有人体所需的多种营养成分。如何从感官上初步判断鲜乳的质量呢？

【任务分析】

感官鉴别乳及乳制品，主要指的是眼观其色泽和组织状态、嗅其气味和尝其滋味。对于鲜乳而言，应注意其色泽是否正常、质地是否均匀细腻、滋味是否纯正以及乳香味如何，同时应留意杂质、沉淀、异味等情况。

【相关知识】

一、影响鲜乳保藏的因素

1. 微生物污染

微生物的污染是引起乳及乳制品变质的重要原因。在乳及乳制品加工过程中的各个环节如灭菌、过滤、浓缩、发酵、干燥、包装等，都可能因为不按操作规程生产加工而造成微生物污染。所以在乳及乳制品的加工过程中，对所有接触到乳及乳制品的容器、设备、管道、工具、包装材料等都要进行彻底的灭菌，防止微生物的污染，以保证产品质量。另外在加工过程中还要防止机械杂质和挥发性物质（如汽油）等的混入和污染。

2. 保存条件

（1）温度。乳及乳制品若在储藏时温度过高既可加速一些成分的氧化变质，又可加速微生物的生长繁殖，因此在乳及乳制品储藏时要掌握好所需的温度。消毒牛乳和硬质干酪储藏温度为 2 ~ 10℃，酸牛乳储藏温度为 2 ~ 8℃，乳粉和炼乳的储藏温度在 20℃以下，乳油储藏温度在 –15℃以下。

（2）时间。乳及乳制品储藏时间过长就容易发生卫生质量的改变。因此乳及乳制品在销售时要注意储新售旧，超过保存期的不得出售。消毒牛乳保存期为 24 小时，酸牛乳的保存期为 72 小时，全脂无糖炼乳保质期为 1 年，罐装的全脂加糖炼乳保质期为 9 个月，瓶装者 3 个月，乳油在 –15℃以下冷藏保质期 6 个月，4 ~ 6℃存放时间不得超过 7 天，乳粉有罐装密封充氮包装时保存期为 2 年，罐装非充氟包装的保存期为 1 年，玻璃瓶装者保存期为 9 个月，塑料袋装保存期为 4 个月。

（3）湿度。对于固体、半固体的乳制品，储藏环境湿度不能过大，因为这些乳制品受潮后易使微生物繁殖生长或结块等。如炼乳，乳粉的储藏环境应通风良好，保持干燥。硬质干酪要求储藏在相对湿度 80% ~ 85% 的环境里。

（4）光线。光线照射可加速乳及乳制品中一些成分的变质，如脂肪、维生素等的氧化。因此乳及乳制品在加工、运输、储藏、销售等过程中均应尽量避免光线照射。

以上因素容易使鲜乳产生饲料味、青草味、酸败味、氧化味、日光照射味、热煮味等异味，严重影响鲜乳的感官质量。

二、牛乳的风味缺陷

1. 饲料味

牛吃饲料后，牛乳中就含有一种饲料味。饲料味易出现在酸乳、乳饮料中。经过高温和真空加工处理过的乳制品几乎不含有饲料味。

2. 青草味

青草味和牛乳中的饲料味有关系，注意青草味产生的季节（青草在多雨季节和秋季尤其长得茂盛）。

3. 微生物引起的异味

（1）不清洁味：又称畜舍味，主要和牧场的卫生条件较差有关，包含两方面情况：一般不清洁味伴有很高的细菌数，细菌可以造成不清洁味；牛乳吸收圈舍的气味造成。

（2）水果味：一般由嗜冷菌引起。

（3）霉变味：由发霉饲料和滞积污水引起。

4. 酸败味

牛乳中脂酶的作用，使牛乳中的三甘油脂部分水解成低级脂肪酸，相对分子量小的脂肪酸具有强烈的酸败味。

5. 氧化味和日光照射味

氧化味是指牛乳中脂肪—磷脂与微量铜和光线之间所引起的氧化作用而产生的异味。

日光照射味则是指牛乳中非脂部分，在受日光照射时而产生的异味。

6. 热煮味

当牛乳在进行热处理时，它的一些风味就出现了。牛乳的风味变化，一般取决于牛乳加热处理程度的强弱、时间的长短。许多由加热产生的风味缺陷也就表现出来了，如加热味、锅垢味、热煮味、烧焦味、焦糖味。

7. 外来味

牛乳对多种气味有吸附性，最普通的外来气味是医药味，医药味的形成来自氯和酚的相互作用，这两种物质同时出现就能产生医药味，圈舍、环境、水源消毒和乳牛疾病的治疗都可能产生医药味。其次是胶性或烧焦味：来源可能是封口机或包装机的封口温度过高。

三、鲜乳感官检验标准

2010 年 3 月 26 日，卫生部颁布了由 66 个乳品安全标准组成的首批国家食品安全标准。根据 GB19301—2010《食品安全国家标准　生乳》从色泽、组织状态、气味、滋味几个方面对鲜乳进行了分类，具体见表 4—1—1。

表 4—1—1　　鲜乳的感官评价标准

分类＼项目		色泽	组织状态	气味	滋味
鲜乳	优质	为乳白色或稍带微黄色	呈均匀的流体状，无沉淀、凝块和机械杂质，无黏稠和浓厚现象	具有乳特有的乳香味，无其他任何异味	具有鲜乳独具的纯香味，滋味可口而稍甜，无其他任何异常滋味
	次质	色泽较良质鲜乳差，白色中稍带青色	呈均匀的流体状，无凝块，但可见少量微小的颗粒，脂肪聚粘表层呈液化状态	乳中固有的香味稍淡或有异味	有微酸味(表明乳已开始酸败)，或有其他轻微的异味
	劣质	呈浅粉色或显著的黄绿色，或是色泽灰暗	呈稠而不匀的溶液状，有乳凝结成的致密凝块或絮状物	有明显的异味，如酸臭味、牛粪味、金属味、鱼腥味、汽油味等	有酸味、咸味、苦味等

参评人员对样品进行仔细观察，然后做出描述，并将描述词汇进行汇总、讨论、修订，给出每个词汇的定义，最后形成一份大家都认可的描述词汇表。要求每一位品评员对每个词汇的定义进行充分的理解，以鲜乳的感官评价为例设计出词汇表，见表 4—1—2。

表 4—1—2　　鲜乳感官评价描述词汇表

项目	定义	描述词汇
色泽	颜色和光泽	乳白色，稍带微黄色，白色中稍带青色，浅粉色，显著的黄绿色，灰暗
组织状态	一般广义地概括描述液态样品的黏性、稀稠性、均匀性等	均匀流体，沉淀，凝块，机械杂质，黏稠和杂质，黏稠，浓厚，少量微粒，絮状物，密集凝块

续表

项目	定义	描述词汇
气味	嗅觉所能感到的味道	乳香味，异味，酸臭味，牛粪味，金属味，鱼腥味，汽油味
滋味	将样品放入口中，通过口腔和舌头运动，味蕾对样品的感受	醇香味、稍甜、微酸味、咸味、苦味

【任务实施】

一、色泽和组织状态的感官检验

1. 实验准备

配图	操作步骤	注意事项
	1. 实验用品：干燥、洁净的 50 mL 试饮杯五个、25 mL 移液管五支	选择温度恒定在 20 ~ 25℃，湿度保持在 50% ~ 55% 的区域；光线充足或照明均匀、无阴影；空气清新、流通、无异味；安静、舒适的房间作为感官评价室
	2. 样品：超市购买的五种不同鲜乳，水	样品可为不同品牌
	3. 实验分组：将品评员分为每 10 人一组，每组选出一个小组长，了解所使用的描述词汇，见表 4—1—2，使品评员对每一个描述词语的定义有共同的认识	实验过程中各小组轮流进入实验区

续表

配图	操作步骤	注意事项
463 973 434 995 607 227 067 635 247 695 654 490 681 695 343	4. 样品编号：备样员给每个样品编出三位数的代码，每个样品给三个编码，作为三次重复检验之用，随机数码取自随机数表，并按任意顺序进行供样	（1）编码及供样顺序示例见表 4—1—3 和表 4—1—4 （2）在做第二次重复检验时，供样顺序不变，样品编码改用上表中第二次检验用码，其余以此类推

表 4—1—3　　备样员编码示例

样品名称：＿＿＿＿＿　备样员：＿＿＿＿＿　日期：＿＿＿＿＿

样品	重复检验编码		
	第一次	第二次	第三次
A	463	973	434
B	995	607	227
C	067	635	247
D	695	654	490
E	681	695	343

表 4—1—4　　供样顺序示例

检验员	供样顺序	检验时号码顺序
1	C A E D B	067 463 681 695 995
2	A C B E D	463 067 995 681 695
3	E A B D C	681 463 995 695 067
4	B A E D C	995 463 681 695 067
⋮	⋮	⋮

2. 实验步骤

配图	操作方法	注意事项
	1. 将已经编好号的样品统一呈送给品评员	
	2. 色泽和组织状态：分别将五个样品置于光线下，边摇晃边观察色泽和组织状态，将结果记录在表 4—1—5 中	

根据描述词汇对个样品进行品尝，将描述词汇填入表 4—1—5 中。

表 4—1—5　　鲜乳感官评价结果判断表

样品名称：__________　评价员姓名：__________　检验日期：__________

项目 \ 描述词汇 \ 样品号					
色泽					
组织状态					
气味					
滋味					
说明：请将规定的描述词汇中符合样品特征的词汇填写在表格中					

二、滋味和气味的感官检验

1. 实验准备

同“一、色泽和组织状态的感官检验”，如有刚做过上一步感官检验的样品也可直接进行本次检验，无须另外进行样品准备。

2. 实验步骤

配图	操作方法	说明
	1. 分别将样品置于鼻前，用手向鼻内扇空气，仔细闻其气味，根据表4—1—2中滋味的描述，将符合的描述的词汇记录于表4—1—5中	记录结果之前要求品评员深入理解描述词汇的定义，检验前可对品评员进行培训
	2. 先喝一口清水漱口	将漱口后的废液吐入废液缸中
	3. 按顺序依次进行品尝。样品应一点一点地啜入口中，并使其滑动以接触舌头的各个部位，样品不得吞咽	在品尝两个样品的中间用35℃温水漱口去味
	4. 品评员根据表4—1—2中的滋味的描述，将符合的描述的词汇记录于表4—1—5中	

【考核评价】

素质	内容	评价项目	评价		
	学习目标		个人评价30%	小组评价30%	教师评价40%
知识（20分）	应知	1. 熟悉样品准备的要求 2. 熟悉随机编号的方法 3. 掌握感官评价的内容和方法			

续表

素质	内容 学习目标	评价项目	评价 个人评价30%	 小组评价30%	 教师评价40%
专业能力（60分）	准备工作（10分）	1. 样品消毒方法正确 2. 样品稀释方法正确			
	能使用正确的方法对样品进行感官评价（20分）	1. 操作方法、程序正确 2. 能用规范的操作完成判断检验			
	能够正确地记录数据，对结果做出正确的判断（20分）	1. 原始记录的填写清晰、正确 2. 判断检测结果正确 3. 检验报告的填写正确			
	遵守安全、卫生要求（10分）	1. 遵守实验室安全规范 2. 遵守实验室卫生规范			
通用能力（10分）	动作协调能力（5分）	动作灵活、准确，双手配合协调			
	与人合作能力（5分）	与同学互相配合，团结互助			
态度（10分）	认真、细致、勤劳	实验态度认真，实验记录清楚、完整			
总分					
平均分					

【思考与练习】

1. 简述影响鲜乳保藏的因素。
2. 乳制品的风味缺陷有哪些？
3. 用描述性感官检验法对发酵乳进行感官检验。

任务 2　乳粉的感官检验

【学习目标】

1. 了解乳粉的营养成分和感官性状。
2. 掌握乳粉感官检验的主要内容和方法。
3. 能在教师指导下，以小组协作的方式对乳粉进行感官检验。
4. 能通过感官检验对真假乳粉进行初步判断。

续表

配图	操作方法	注意事项
	2. 样品：5种不同品牌的乳粉	
	3. 分别取5种不同乳粉约两汤匙，倒入平皿中，备样员给每个样品编出三位数的代码，每个样品给3个编码，作为3次重复检验之用，随机数码取自随机数表，并按任意顺序进行供样	1. 编码及供样顺序示例见表4—1—4和表4—1—5 2. 在做第二次重复检验时，供样顺序不变，样品编码改用上表中第二次检验用码，其余以此类推
	4. 用于冲调性检验样品的准备：再取五种不同乳粉两汤匙于烧杯中，加温开水2汤匙约25 mL，调成糊状后再加入200 mL开水，边加水边搅拌，即成为原乳	进行乳粉冲调性检验前进行这一步骤
	5. 将冲调好的样品等量地倒入三只试饮杯中，并按上述方法进行编号	

2. 实验步骤

配图	操作方法	注意事项
	1. 气味和滋味：将上述五个样品呈送给感官评价员，通过鼻闻和口尝，分别对样品的气味和滋味进行感官评价	样品可以放在一个托盘中，统一呈送

续表

配图	操作方法	注意事项
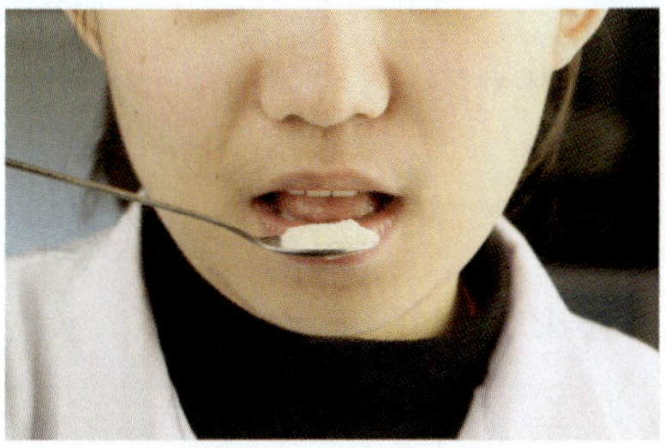	1. 气味和滋味：将上述五个样品呈送给感官评价员，通过鼻闻和口尝，分别对样品的气味和滋味进行感官评价	样品可以放在一个托盘中，统一呈送
	2. 色泽和组织状态：通过摇晃在光线下观察，对样品的组织状态和色泽进行感官评价	
	3. 冲调性：按照样品准备步骤中第四步和第五步将样品准备好后，对样品的冲调性进行感官评价	
	4. 品评员根据评分标准对样品进行打分	

根据表4—2—1提供的乳粉的感官评价标准，采用百分制评分法设计乳粉评分标准，合理分配分值，见表4—2—2。

表 4—2—2　　乳粉的感官评分标准

项目	特征	扣分
滋味气味（65 分）	具有消毒牛乳的醇香味，无其他异味	0
	滋味、气味稍淡，无异味	2 ~ 5
	有过度消毒的滋味和气味	3 ~ 7
	有焦粉味	5 ~ 8
	有饲料味	6 ~ 10
	滋味、气味平淡，无乳香味	7 ~ 12
	有不清洁或不新鲜的滋味和气味	8 ~ 13
	有脂肪氧化味	14 ~ 17
	有其他异味	12 ~ 20
组织状态（25 分）	干燥粉末，无结块	0
	结块易松散或有少量硬粒	2 ~ 4
	有胶粉或小黑点	2 ~ 5
	储藏时间较长，凝块较结实	8 ~ 12
	有肉眼可见杂质或异物	5 ~ 15
色泽（5 分）	全部一色，呈浅黄色	0
	特殊黄色或带浅白色	1 ~ 2
	色泽不正常	2 ~ 5
冲调性（5 分）	润湿下沉快，冲调后完全无团块，杯底无沉淀	0
	冲调后有少量团块	1 ~ 2
	冲调后团块较多	2 ~ 3

3. 评分

评价员对样品品评后，根据表 4—2—2 乳粉的感官评价标准对样品进行打分，将结果记录于表 4—2—3 中。

表 4—2—3　　乳粉的感官评分记录表

样品名称：＿＿＿＿＿　评价员姓名：＿＿＿＿＿　检验日期：＿＿＿＿＿

编号	1	2	3	4	5
样品号 得分 项目					
滋味和气味 65%					
组织状态 25%					
色泽 5%					
冲调性 5%					
评语					
备注					

【考核评价】

素质	内容 学习目标	评价项目	评价 个人评价 30%	 小组评价 30%	 教师评价 40%
知识（20 分）	应知	1. 了解乳粉感官检验的基本知识 2. 知道乳粉感官检验的测定意义 3. 掌握乳粉感官检验的方法			
专业能力（60 分）	准备工作（10 分）	1. 仪器、样品符合操作标准 2. 能用随机数编号，能正确选定呈送顺序 3. 能理解每一个评分点的意义			
	能使用正确的方法对样品进行感官评价（20 分）	1. 操作方法、程序正确 2. 能用规范的操作完成判断检验			
	能够正确地记录数据，对结果做出正确的判断（20 分）	1. 操作方法、程序正确 2. 能用规范的数据及文字记录实验结果			
	遵守安全、卫生要求（10 分）	1. 遵守实验室安全规范 2. 遵守实验室卫生规范			

续表

素质	内容 学习目标	评价项目	评价 个人评价30%	 小组评价30%	 教师评价40%
通用能力（10分）	动作协调能力（5分）	动作灵活、准确，双手配合协调			
	与人合作能力（5分）	1. 与同学互相配合，团结互助 2. 与同学沟通顺畅			
态度（10分）	认真、细致、勤劳	实验态度认真，实验记录清楚、完整			
总分					
平均分					

【知识拓展】

市场上出售的乳粉种类琳琅满目，质量也参差不齐，表4—2—4介绍了几种辨别真假乳粉的方法。

表4—2—4　　真假乳粉的感官鉴别

	真乳粉	假乳粉
声音	发出“吱吱”声	发出“沙沙”声
色泽	天然乳黄色，淡黄色次之，粉末干燥松散不结团	较白，呈结晶状，有光泽，或其他不自然的颜色
气味	特有的乳香味	没有乳香味或只有一种甜腻的香气
滋味	细腻发黏，易粘在牙齿、舌头、上颚上，无糖的甜味	不粘牙，有甜味
溶解度	用冷水冲，真乳粉需经搅拌才能溶解成乳白色混浊液	不经搅拌即能自动溶解或发生沉淀

【思考与练习】

1. 乳粉的感官评价应从哪几个方面进行？需要注意的问题是什么？

2. 哪些因素会影响乳粉的品质？

3. 根据真假乳粉感官鉴别的具体内容，见表4—2—4，设计感官评价表用“A”—“非A”法对真假乳粉进行感官评价。

任务 3　酸牛乳的感官检验

【学习目标】

1. 了解酸牛乳的分类和生理功能。
2. 熟悉酸牛乳感官评价的标准。
3. 掌握评分法进行酸牛乳感官检验的方法。
4. 能在教师指导下，以小组协作方式，对酸牛乳进行感官检验。

【任务引入】

酸牛乳由鲜牛乳制成。和新鲜牛乳相比，酸牛乳不但具有新鲜牛乳的全部营养成分，而且还增加了许多鲜牛乳所不具备的特性：易消化，促进食欲；蛋白质和钙更容易被消化吸收；胆固醇含量低。酸牛乳因添加了益生菌，可以抑制腐败菌和有害菌群的生长繁殖，维护肠道菌群的生态平衡，有助于减少胃肠紊乱，增强机体免疫功能。如何从感官检验的角度评价酸牛乳的好坏是食品感官评价人员在本环节的重要任务。

【任务分析】

感官鉴别酸牛乳，主要是指眼观其色泽和组织状态、嗅其气味和尝其滋味。同时应留意杂质、沉淀、异味等情况。

【相关知识】

一、酸牛乳的营养价值

酸牛乳含有极为丰富的营养价值。酸牛乳由纯牛乳发酵而成，除保留了鲜牛乳的全部营养成分外，在发酵过程中乳酸菌还可产生人体营养所必需的多种维生素，如 VB_1、VB_2、VB_6、VB_{12} 等。发酵过程使乳中糖、蛋白质有 20% 左右被水解成为小的分子（如半乳糖中的乳酸、小的肽链和氨基酸等）。乳中脂肪含量一般为 3% ~ 5%。经发酵后，乳中脂肪酸可比原料乳增加两倍。这些变化使酸牛乳更易被消化和吸收，各种营养素的利用率得以提高。特别是对乳糖消化不良的人群，吃酸牛乳也不会发生腹胀、气多或腹

2. 实验步骤

配图	操作方法	说明
	1. 取适量试样于 50 mL 烧杯中，在自然光下观察其色泽和组织状态	按照表 4—3—2 的评分标准将结果填入表 4—3—3 中
	2. 一只手将酸乳置于鼻子附近，用另一只手扇动闻其气味	
	3. 用温水漱口后，品尝各样品滋味，在品尝之前都要用温开水漱口	

按照表 4—3—1 的感官评价标准，将凝固型和搅拌型酸牛乳的感官评价项目进一步细化，制定出酸牛乳的感官评分表，见表 4—3—2。

表 4—3—2　凝固型和搅拌型酸牛乳的感官评分标准

<table>
<tr><th rowspan="3">项目</th><th colspan="2">特征</th><th rowspan="3">扣分</th></tr>
<tr><th colspan="2">酸牛乳、原味酸牛乳、果料酸牛乳</th></tr>
<tr><th>凝固型</th><th>搅拌型</th></tr>
<tr><td rowspan="4">组织状态（50 分）</td><td>组织细腻，均匀，表面光滑，无裂纹，无气泡，无乳清析出</td><td>组织细腻，凝块细小均匀爽滑，无气泡，无乳清析出</td><td>0 ~ 10</td></tr>
<tr><td>组织细腻，均匀，表面光滑，无气泡，有少量乳清析出</td><td>组织细腻，凝块细小均匀爽滑，无气泡，有乳清析出</td><td>10 ~ 20</td></tr>
<tr><td>组织粗糙，有裂纹，有气泡，有乳清析出</td><td>组织粗糙，不均匀，有气泡，有乳清析出</td><td>30 ~ 40</td></tr>
<tr><td>组织粗糙，有裂纹，有大量气泡，乳清析出严重，有颗粒</td><td>组织粗糙，不均匀，有大量气泡，乳清析出严重，有颗粒</td><td>40 ~ 50</td></tr>
</table>

续表

项目	特征		扣分
	酸牛乳、原味酸牛乳、果料酸牛乳		
	凝固型	搅拌型	
滋味和气味（40分）	具有酸牛乳固有的滋味和气味或相应的果料味，酸味和甜味比例适当		0 ~ 5
	过酸或过甜		5 ~ 20
	有涩味		20 ~ 30
	有苦味		30 ~ 35
	异常滋味或气味		35 ~ 40
色泽（10分）	呈均匀乳白色、微黄色或果料固有的颜色		0 ~ 2
	淡黄色		2 ~ 4
	浅灰色或灰白色		4 ~ 6
	绿色、黑色斑点或有霉生长，颜色异常		6 ~ 10

3. 结果记录

表 4—3—3　　酸牛乳的感官评分结果记录表

样品名称：________　评价员姓名：________　检验日期：________

编号	1	2	3	4	5
项目＼得分＼样品号					
组织状态 50%					
滋味和气味 40%					
色泽 10%					
评语					
备注					

【考核评价】

<table>
<tr><th rowspan="2">素质</th><th>内容</th><th rowspan="2">评价项目</th><th colspan="3">评价</th></tr>
<tr><th>学习目标</th><th>个人评价30%</th><th>小组评价30%</th><th>教师评价40%</th></tr>
<tr><td>知识（20分）</td><td>应知</td><td>1. 了解酸牛乳的功能成分
2. 知道酸牛乳感官检验的测定意义
3. 掌握酸牛乳感官检验的方法</td><td></td><td></td><td></td></tr>
<tr><td rowspan="4">专业能力（60分）</td><td>准备工作（10分）</td><td>1. 仪器、样品符合操作标准
2. 能用随机数编号，能正确选定呈送顺序
3. 能理解每一个评分点的意义</td><td></td><td></td><td></td></tr>
<tr><td>能使用正确的方法对样品进行感官评价（20分）</td><td>1. 操作方法、程序正确
2. 能用规范的操作完成判断检验</td><td></td><td></td><td></td></tr>
<tr><td>能够正确地记录数据，对结果做出正确的判断（20分）</td><td>1. 操作方法、程序正确
2. 能用规范的数据及文字记录实验结果</td><td></td><td></td><td></td></tr>
<tr><td>遵守安全、卫生要求（10分）</td><td>1. 遵守实验室安全规范
2. 遵守实验室卫生规范</td><td></td><td></td><td></td></tr>
<tr><td rowspan="2">通用能力（10分）</td><td>动作协调能力（5分）</td><td>动作灵活、准确，双手配合协调</td><td></td><td></td><td></td></tr>
<tr><td>与人合作能力（5分）</td><td>1. 与同学互相配合，团结互助
2. 与同学沟通顺畅</td><td></td><td></td><td></td></tr>
<tr><td>态度（10分）</td><td>认真、细致、勤劳</td><td>实验认真、细致、规范</td><td></td><td></td><td></td></tr>
<tr><td colspan="3">总分</td><td></td><td></td><td></td></tr>
<tr><td colspan="3">平均分</td><td colspan="3"></td></tr>
</table>

【思考与练习】

1. 凝固型和搅拌型酸牛奶在感官评价方面有哪些区别？

2. 导致酸牛奶品质下降的因素有哪些？

3. 除了评分法外，酸牛乳的感官检验还可以用哪些方法呢？请举例说明，并写出主要操作过程。

任务 4　干酪的感官检验

【学习目标】

1. 了解干酪的概念和分类。
2. 熟悉干酪感官评价的内容和标准。
3. 掌握干酪感官检验的主要内容和方法。
4. 能在教师的指导下，以小组协作方式，对干酪进行感官检验。

【任务引入】

干酪是乳制品的重要分支，是西方餐桌上的必备品。随着我国的开放和对外交流的加强，西方饮食文化也逐渐渗入到我国人民生活当中，干酪正在被越来越多的国人所接受并喜爱。走进超市后，琳琅满目的干酪产品映入眼帘，感官品评人员该如何从感官方面鉴别干酪的品质呢？

【任务分析】

干酪的感官评价方法一般采用评分法和描述分析方法中的风味剖析法两大类，剖析法要求品评员对一个产品能够被感知到的所有气味和风味及它们的强度、出现顺序以及余味进行描述、讨论，形成书面报告，对品评员的能力素质提出较高要求，因此本任务采用更易操作和理解的评分法。

【相关知识】

一、干酪的概念和分类

干酪，又名乳酪，或译称芝士、起司、起士，是乳制食品的通称，干酪是以牛乳、乳油、部分脱脂乳、酪乳或这些产品的混合物为原料，经凝乳并分离乳清而制得的新鲜或发酵成熟的乳制品。干酪中含有丰富的蛋白质、脂肪等有机成分和钙、磷等无机盐类，并有多种维生素和微量元素。

干酪的种类很多，通常把干酪划分为天然干酪、溶化干酪和干酪食品三大类。国际乳品联合会提出以含水量为标准，将干酪分为硬质、半硬质、软质三大类。

干酪制作过程中通常加入凝乳酶，造成其中的酪蛋白凝结，使乳品酸化，再将固体分离、压制为成品。大多乳酪呈乳白色到金黄色。传统的干酪含有丰富的蛋白质、脂肪、维生素 A、钙和磷。按照质地特征可将干酪分为软性干酪、半硬性干酪和硬性干酪等。

二、硬质干酪的感官检验标准

根据 GB 5420—2010《食品安全国家标准　干酪》中的感官要求，可从色泽、气味、滋味和组织状态四个方面，将酸牛乳的感官评价标准总结如下，见表 4—4—1。

表 4—4—1　　硬质干酪的感官评价标准

分类＼项目		色泽	组织状态	气味	滋味
干酪	优质	呈白色或淡黄色，有光泽	外皮质地均匀，无裂缝、无损伤，无霉点及霉斑。切面组织细腻，湿润，软硬适度，有可塑性	除具有各种干酪特有的气味外，一般都香味浓郁	具有干酪固有的滋味
	次质	色泽变黄或灰暗，无光泽	表面不均，切面较干燥，有大气孔，组织状态呈疏松状	干酪味平淡或有轻微异味	干酪滋味平淡或有轻微异味
	劣质	呈暗灰色或褐色，表面有霉点或霉斑	外表皮出现裂缝，凝乳不良，切面干燥，有大气孔，组织状态呈碎粒状，乳清析出严重或乳清分离，可见霉斑	具有明显的异味，如霉味、脂肪酸败味、腐败变质味等	具有异常的酸味或苦涩味

【任务实施】

一、样品的准备

配图	操作方法	说明
	1. 用具：准备干燥、洁净的白瓷碟若干、一次性手套 5 副、小餐刀 5 把、笔	选择温度恒定在 20 ~ 25 ℃，湿度保持在 50% ~ 55% 的区域；光线充足或照明均匀、无阴影；空气清新、流通、无异味；安静、舒适的房间作为感官评价室

续表

配图	操作方法	说明
	2. 样品：购买5种不同品牌的硬质干酪。观察包装的完整性，进行打分。撕开包装分别将5种品牌的干酪置于白瓷碟中，并进行编号，一组5个样品，呈送给品评员	品评员给包装打分后再撕开包装

二、实验步骤

配图	操作方法	说明
	1. 包装：品评员对干酪的包装进行仔细观察	1. 品评员可戴一次性手套用小餐刀将干酪切成小块后再进行品评 2. 借助小叉子将干酪送入口中 3. 按照表4—4—2进行打分，将结果填入表4—4—3中
	2. 色泽、纹理图案、组织状态和外形：品评员在自然光下仔细观察其色泽、纹理图案、组织状态和外形	
	3. 气味：分别将干酪置于鼻子附近，用另一只手扇动闻其气味	

【考核评价】

<table>
<tr><th rowspan="2">素质</th><th>内容</th><th rowspan="2">评价项目</th><th colspan="3">评价</th></tr>
<tr><th>学习目标</th><th>个人评价30%</th><th>小组评价30%</th><th>教师评价40%</th></tr>
<tr><td>知识（20分）</td><td>应知</td><td>1. 了解干酪的营养成分
2. 知道干酪感官检验的测定意义
3. 掌握干酪感官检验的方法</td><td></td><td></td><td></td></tr>
<tr><td rowspan="4">专业能力（60分）</td><td>准备工作（10分）</td><td>1. 仪器、样品符合操作标准
2. 能用随机数编号，能正确选定呈送顺序
3. 能理解每一个评分点的意义</td><td></td><td></td><td></td></tr>
<tr><td>能使用正确的方法对样品进行感官评价（20分）</td><td>1. 操作方法、程序正确
2. 能用规范的操作完成判断检验</td><td></td><td></td><td></td></tr>
<tr><td>能够正确地记录数据，对结果做出正确的判断（20分）</td><td>1. 操作方法、程序正确
2. 能用规范的数据及文字记录实验结果</td><td></td><td></td><td></td></tr>
<tr><td>遵守安全、卫生要求（10分）</td><td>1. 遵守实验室安全规范
2. 遵守实验室卫生规范</td><td></td><td></td><td></td></tr>
<tr><td rowspan="2">通用能力（10分）</td><td>动作协调能力（5分）</td><td>动作灵活、准确，双手配合协调</td><td></td><td></td><td></td></tr>
<tr><td>与人合作能力（5分）</td><td>与同学互相配合，团结互助</td><td></td><td></td><td></td></tr>
<tr><td>态度（10分）</td><td>认真、细致、勤劳</td><td>实验态度认真，实验记录清楚、完整</td><td></td><td></td><td></td></tr>
<tr><td colspan="3">总分</td><td></td><td></td><td></td></tr>
<tr><td colspan="3">平均分</td><td colspan="3"></td></tr>
</table>

【思考与练习】

1. 干酪是什么？有哪些营养价值？
2. 如用描述法对干酪进行感官评价，试列出每个感官指标的描述词汇。

项目五

肉及其制品的感官检验

【先导知识】

肉类及其制品在人类的饮食中占有很重要的地位，是人类获取蛋白质的主要来源。人们日常生活中经常食用的肉类及其制品主要包括家畜类、家禽类和水产品类。

一、家畜类

畜类原料是指动物性原料中的家养哺乳动物类的动物原料及其制品的总称。家畜原料是人们日常生活中的主要食物来源，猪肉、牛肉、羊肉在人们膳食结构中占有较大的比重，尤其是猪肉更为突出。

家畜经宰杀后在自身酶的作用下会相继发生僵直、成熟、自溶和腐败等现象，或有不法商贩在其中注水销售。

畜肉的品质鉴定方法主要包括感官鉴定、理化鉴定、微生物与寄生虫鉴定，其中针对鲜肉新鲜度的检验方法主要依靠感官鉴定。

二、家禽类

家禽是指人类为满足对肉、蛋的需要，经过长期饲养而驯化的鸟类，主要包括鸡、鸭、鹅、鸽。其品质鉴定方法与畜肉相似。

三、水产品类

常见的水产品主要分为鱼类、节肢动物类和软体动物类。

其中鱼类主要包括淡水鱼（如草鱼、鲤鱼、鳝鱼等）和咸水鱼（如黄鱼、带鱼等）；节肢动物类主要包括虾类（如龙虾、明虾等）和蟹类（如中华绒螯蟹、三疣梭子蟹等）；软体动物类主要包括腹足类（如鲍鱼、红螺等）、瓣鳃类（如贻贝等）和头足类（如乌贼、章鱼等。）

四、肉制品

肉制品的种类很多，按地方风味不同，可分为京式肉制品、苏式肉制品、广式肉制品、西式肉制品；按加工方法不同，可分为腌腊制品、脱水制品、灌肠制品和其他肉制品。

1. 腌腊制品

腌腊制品主要是以盐腌为主。它是利用食盐的渗透压作用，使原料中的水分析出，而盐则渗入鲜肉组织中，此过程称为腌制。常见品种有火腿、腊肉、咸肉等。

2. 脱水制品

脱水制品主要是将肉类初步加工后，经调味、煮熟后，再经脱水而成的一种肉制品。如肉松、肉脯等。

3. 灌肠制品

灌肠制品是将肉类或动物副产品腌制、切碎，加入辅料灌入肠衣或经过处理的嗉囊、猪膀胱后，在晾晒、烘烤、煮、熏等所得到的肉制品。灌肠制品主要分为西式和中式两大类。

4. 其他肉制品

其他肉制品主要包括将畜肉调味或煮熟调味后脱水干制而成的干制品和利用木材不完全燃烧所产生的熏烟加工而成的熏制品两大类。

任务 1　猪肉的感官检验

【学习目标】

1. 知道猪肉的感官评价指标。
2. 能使用“A”—“非 A”检验法判断猪肉的感官品质。
3. 了解其他肉类的感官评价标准。
4. 在教师指导下，利用学习资料，与小组成员协作制定注水牛肉感官检验步骤。

【任务引入】

某超市被投诉销售一批次鲜猪肉，如图 5—1—1 所示，食品监督部门叫停该批次产品，并对这些产品是否为次鲜猪肉进行检验，其中第一道鉴评程序就是对产品的感官评价，请按照检验步骤，对该产品的感官质量进行判断。

图 5—1—1　鲜猪肉

【任务分析】

检验猪肉的感官质量可依据 GB/T 2707—2005、GB/T 5009.44—2003 和 GB 9959.1—2001 中的标准，主要从外观、气味、弹性、脂肪等四个方面通过“A”—“非 A”检验法对比待测样品与优质样品之间的区别从而进行判断，根据其鉴定结果可初步确定猪肉质量。

【相关知识】

一、“A”—“非 A”检验法

感官人员要先熟悉样品“A”以后，再将一系列样品呈送给这些检验人员，样品中有“A”，也有“非 A”。要求参评人员对每个样品做出判断，哪些是“A”，哪些是“非 A”。这种检验方法被称为“A”—“非 A”检验法。这种是与否的检验方法，也称为单项刺激检验。此实验适用于确定原料、加工、处理、包装和储藏等各环节的不同所造成的两种产品之间存在的细微的感官差别，特别适用于检验具有不同外观或后味样品的差异检验，也适用于确定鉴评员对产品某一种特性的灵敏性。

1. 方法特点

（1）此检验本质上是一种顺序成对差别检验或简单差别检验。评价员先评价第一个样品，然后再评价第二个样品，要求评价员指明这些样品感觉上是相同还是不同。此实验的结果只能表明评价员可觉察到样品的差异，但无法知道样品品质差异的方向。

（2）此实验中，样品有 4 种可能的呈送顺序，如 AA、BB、AB、BA。这些顺序要能够在评价员之间交叉随机化，在呈送给评价员的样品中，分发给每个品评员的样品数应相同，但样品“A”的数目与样品“非 A”的数目不必相同。每次实验中，每个样品要被呈送 20 ~ 50 次。每个品评者可以只接受一个样品，也可以接受两个样品，一个“A”，一个“非 A”，还可以连续品评 10 个样品。每次评定的样品数量视检验人员的生理疲劳程度而定，受检验的样品数量不能太多，应以品评人数较多来达到可靠的目的。

（3）评价员必须经过训练，以便理解评分表所描述的任务，但他们不需要接受特定感官方面的评价训练。通常需要 10 ~ 50 名品评人员参加实验，他们要经过一定的训练，做到对样品“A”和“非 A”比较熟悉。

（4）需要强调的一点是，参加检验评定的人员一定要对样品“A”和“非 A”非常熟悉，否则，没有标准的参照，结果将失去意义。

（5）检验中，每次样品出示的时间间隔很重要，一般是相隔 2 ~ 5 min。

2. 问答表的一般形式

“A”—“非 A”检验法问答表的一般形式见表 5—1—1。

表 5—1—1　　“A”—“非 A”检验法问答表的一般形式

“A”—“非 A”检验样品准备工作表

姓名：_________　　样品：_________　　日期：_________

实验指令：
（1）在实验之前对样品“A”和“非 A”进行熟悉，记住它们的口味
（2）从左到右依次品尝样品，在品尝完每一个样品之后，在其编码后面相对应位置上打“√”
注意：在品评人员所得到的样品中，“A”和“非 A”的数量是相同的

样品顺序号	编号	该样品是	
		A	非 A
1	590		
2	303		
3	546		
4	742		
5	567		
6	197		

二、猪肉的感官评价指标

有的商家为了牟取暴利会将在很长时间内卖不出去的次鲜猪肉拿到货柜内以次充好进行销售，但新鲜猪肉和次鲜猪肉在感官上存在较明显的差别，其评价指标可见表5—1—2。

表5—1—2 猪肉感官评价标准

项目＼分类	新鲜猪肉	次鲜猪肉	变质猪肉
外观	表面有一层微干或微湿的外膜，呈暗灰色，有光泽，切断面湿、不黏手，肉汁透明	表面有一层风干或潮湿的外膜，呈暗灰色，无光泽，切断面的色泽比新鲜的肉暗，有黏性，肉汁混浊	表面外膜极度干燥或粘手，呈灰色或淡绿色，发黏并有霉变现象，切断面呈暗灰色或淡绿色，很黏，肉汁严重混浊
气味	具有鲜猪肉正常的气味	在肉的表层能嗅到轻微的氨味、酸味或酸霉味，但在肉的深层却没有这些气味	腐败变质的肉，不论在肉的表层还是深层均有腐臭气味
弹性	质地紧密却富有弹性，用手指按压凹陷后会立即复原	肉质比新鲜肉柔软、弹性小，用指头按压凹陷后不能完全复原	由于自身分解严重，组织失去原有的弹性而出现不同程度的腐烂，用指头按压后凹陷，不但不能复原，有时手指还可以把肉刺穿
脂肪	脂肪呈白色，具有光泽，有时呈肌肉红色，柔软而富有弹性	脂肪呈灰色，无光泽，容易粘手，有时略带油脂酸败味和哈喇味	脂肪表面污秽，有黏液，霉变呈淡绿色，脂肪组织很软，具有油脂酸败气味

【任务实施】

一、实验准备

配图	操作方法	注意事项
	1. 用具：白瓷盘10个、普通白色薄纸10张、一次性手套10副、小刀10把、餐巾纸10张	

续表

配图	操作方法	注意事项
	2. 样品：优质猪肉和待测猪肉样品	
	3. 备样：备样员给出10个样品，每个样品编出三位数的代码，每个样品给三个编码，作为三次重复检验之用，随机数码取自随机数表，并按任意顺序进行供样	1. 供样顺序是备样员内部参考使用，实验员用的检验记录表上看到的只是编码，无供样顺序 2. 在重复下一组检验时样品呈送顺序不变，编码数字替换为第二次检验编号 3. 每一组10个样品中“A”与“非A”的数量不必相等
	4. 样品呈送：将不同的样品分别放入白瓷盘中，样品数量不得少于100 g，一组10个，按编号码放，呈送给评价员	

二、实验步骤

配图	操作方法	注意事项
	1. 在自然光线下观察样品的外观	除观察外膜颜色、光泽外，还需注意观察是否有水光

续表

配图	操作方法	注意事项
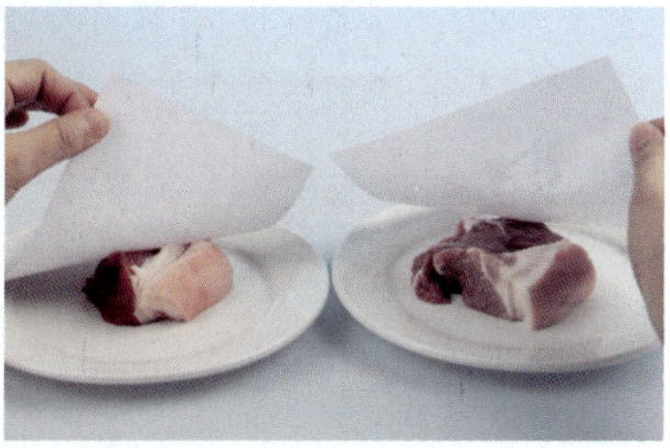	2. 用薄纸贴在样品表面维持15 s左右，将纸揭下	正常的新鲜猪肉有一定的黏性，贴上的纸不易揭下；次鲜猪肉则容易揭下
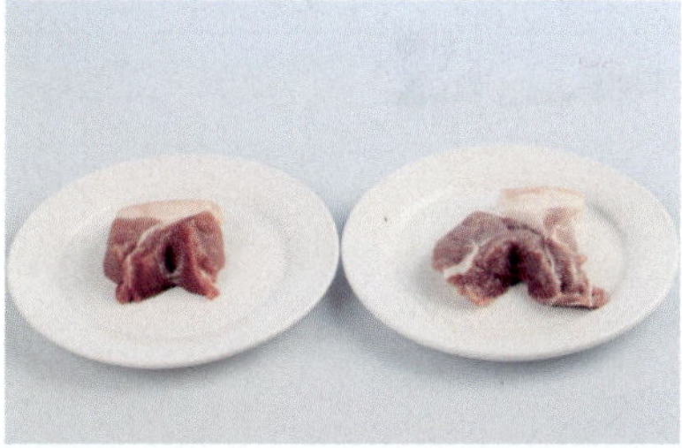	3. 用小刀将肉切开，观察切面	
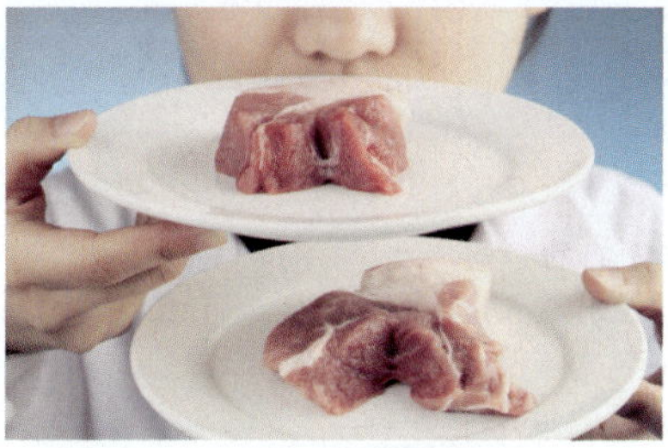	4. 嗅闻样品的气息	
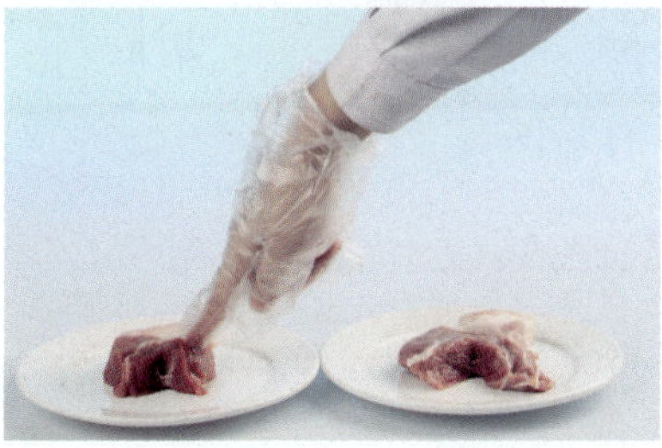	5. 戴上一次性手套，用手按压样品，判断样品弹性	
	6. 观察样品脂肪的颜色	

续表

配图	操作方法	注意事项
	7. 在表5—1—3中按要求记录相应的编号和判断结果	1. 可提前将评价员分为每组10人，了解所使用的判断标准（见表5—1—2），使评价员能够理解评分表所描述的任务 2. 检验结果由统计人员统一进行分析

三、实验记录

表5—1—3　　　　猪肉感官质量检验结果记录表

<table>
<tr><td colspan="4">猪肉感官质量检验结果记录表
姓名：________　样品：________　日期：________　鉴定组别：________</td></tr>
<tr><td colspan="4">实验指令：
（1）在实验之前对样品“A”和“非A”进行熟悉，记住它们的口味
（2）从左到右依次鉴定样品，在鉴定完每一个样品之后，在其编码后面相对应位置上打“√”
注意：在你所得到的样品中，“A”和“非A”的数量不一定相同</td></tr>
<tr><td rowspan="2">样品顺序号</td><td rowspan="2">编号</td><td colspan="2">该样品是</td></tr>
<tr><td>A</td><td>非A</td></tr>
<tr><td>1</td><td></td><td></td><td></td></tr>
<tr><td>2</td><td></td><td></td><td></td></tr>
<tr><td>3</td><td></td><td></td><td></td></tr>
<tr><td>4</td><td></td><td></td><td></td></tr>
<tr><td>5</td><td></td><td></td><td></td></tr>
<tr><td>6</td><td></td><td></td><td></td></tr>
<tr><td>7</td><td></td><td></td><td></td></tr>
<tr><td>8</td><td></td><td></td><td></td></tr>
<tr><td>9</td><td></td><td></td><td></td></tr>
<tr><td>10</td><td></td><td></td><td></td></tr>
</table>

【考核评价】

<table>
<tr><th rowspan="2">素质</th><th>内容</th><th rowspan="2">评价项目</th><th colspan="3">评价</th></tr>
<tr><th>学习目标</th><th>个人评价30%</th><th>小组评价30%</th><th>教师评价40%</th></tr>
<tr><td>知识（20分）</td><td>应知应会</td><td>1. 知道猪肉的感官评价指标
2. 掌握“A”—“非A”检验法的方法特点及表格设计方法
3. 了解其他肉类的感官评价标准</td><td></td><td></td><td></td></tr>
<tr><td rowspan="4">专业能力（60分）</td><td>准备工作（10分）</td><td>1. 仪器、样品符合操作标准
2. 能用随机数编号，能正确选定呈送顺序
3. 能理解每一个感官指标的意义</td><td></td><td></td><td></td></tr>
<tr><td>能使用正确的方法对猪肉的感官指标进行评价（20分）</td><td>1. 操作方法、程序正确
2. 能用规范的操作完成判断检验</td><td></td><td></td><td></td></tr>
<tr><td>能够使用“A”—“非A”检验法完成对猪肉的感官质量判断结果记录（20分）</td><td>1. 操作方法、程序正确
2. 能用规范的数据及文字记录实验结果</td><td></td><td></td><td></td></tr>
<tr><td>遵守安全、卫生要求（10分）</td><td>1. 遵守实验室安全规范
2. 遵守实验室卫生规范</td><td></td><td></td><td></td></tr>
<tr><td rowspan="2">通用能力（10分）</td><td>动作协调能力（5分）</td><td>动作灵活、准确，双手配合协调</td><td></td><td></td><td></td></tr>
<tr><td>与人合作能力（5分）</td><td>与同学互相配合，团结互助</td><td></td><td></td><td></td></tr>
<tr><td>态度（10分）</td><td>认真、细致、勤劳</td><td>实验态度认真，实验积极、主动，观察细致</td><td></td><td></td><td></td></tr>
<tr><td colspan="3">总分</td><td></td><td></td><td></td></tr>
<tr><td colspan="3">平均分</td><td colspan="3"></td></tr>
</table>

【知识拓展】

一、牛肉的感官评价标准（见表5—1—4）

表5—1—4　　牛肉的感官评价标准

等级 项目	优质	次质
色泽	肌肉有光泽，红色均匀，脂肪洁白或淡黄色	肌肉色稍暗，刀切面尚有光泽，脂肪缺乏光泽

续表

等级 项目	优质	次质
气味	具有牛肉的正常气味	牛肉稍有氨味或酸味
黏度	外表微干或有风干的膜，不粘手	外表干燥或粘手，刀切面上有湿润现象
弹性	用手指按压后的凹陷能完全恢复	用手指按压后的凹陷恢复慢，且不能完全恢复到原状
煮沸后肉汤	牛肉汤透明澄清，脂肪团聚于肉汤表面，具有牛肉特有的香味和鲜味	肉汤稍有混浊，脂肪呈小滴状浮于肉汤表面，鲜味差或无鲜味

二、羊肉的感官评价标准（见表 5—1—5）

表 5—1—5　　羊肉的感官评价标准

等级 项目	优质	次质
色泽	肌肉有光泽，红色均匀，脂肪洁白或呈黄色，质坚硬而脆	肌肉色稍暗淡，用刀切开的截面尚有光泽，脂肪缺乏光泽
气味	有明显的羊肉膻味	羊肉稍有氨味或酸味
黏度	外表微干或有风干的膜，不粘手	外表干燥或粘手，刀切面上有湿润现象
弹性	用手指按压后的凹陷能立即恢复原状	用手指按压后的凹陷恢复慢，且不能完全恢复到原状
煮沸后肉汤	肉汤透明澄清，脂肪团聚于肉汤表面，具有羊肉特有的香味和鲜味	肉汤稍有混浊，脂肪呈小滴状浮于肉汤表面，鲜味差或无鲜味

三、兔肉的感官评价标准（见表 5—1—6）

表 5—1—6　　兔肉的感官评价标准

等级 项目	优质	次质
色泽	肌肉有光泽，红色均匀，脂肪洁白或呈黄色	肌肉色稍暗淡，用刀切开的截面尚有光泽，脂肪缺乏光泽
气味	具有兔肉正常的气味	稍有氨味或酸味
黏度	外表微干或有风干的膜，不粘手	外表干燥或粘手，刀切面上有湿润现象
弹性	用手指按压后的凹陷能立即恢复原状	用手指按压后的凹陷恢复慢，且不能完全恢复到原状

续表

项目＼等级	优质	次质
煮沸后肉汤	透明澄清，脂肪团聚于肉汤表面，具有兔肉特有的香味和鲜味	稍有混浊，脂肪呈小滴状浮于肉汤表面，鲜味差或无鲜味

四、禽肉的感官评价标准（见表 5—1—7）

表 5—1—7　　禽肉的感官评价标准

项目＼等级	新鲜	变质
眼睛	新鲜禽肉的眼睛饱满，角膜有光泽	眼球干缩、凹陷，角膜混浊污秽
口腔	口腔黏膜有光泽，呈淡玫瑰红色，洁净，无异常气味	有黏液，呈灰色，带有霉斑，或有腐败气味
皮肤	光泽自然，表面不粘手，具有正常的固有气味	体表无光泽，头颈部带暗褐色，皮肤表面湿润发黏，或有霉斑，或有腐败气味
肌肉	结实富有弹性，肌肉呈淡玫瑰红色，鸭、鹅肉呈红色，胸肌为白色微带红色，幼禽肌肉稍湿润，但不发黏，具有各种禽肉所固有的气味	肉质松散、发黏，极湿润，呈暗红色、淡绿色或灰色，有酸腐气味或腐败气味
脂肪	呈淡黄色，有光泽，无异常气味	脂肪色泽稍淡或呈淡灰色，有时发绿发黏，有涩味、腐化味
肉汤	汤汁透明、芳香，有黄色油滴浮于表面，味道醇正鲜美，具有特色香味	肉汤混浊，有白色或黄色絮状物，表面油滴少，香味差，还有酸败脂肪的气味

【思考与练习】

1. 2013 年 1 月中央电视台《焦点访谈》栏目曝光河北省石家庄市牛肉生产过程存在私屠乱宰、大量注水现象，因此为控制本地牛肉质量，现需对市场所售的牛肉进行感官检验，以判断其感官品质。请根据“A”—“非 A”检验法的要求分小组设计检验步骤和记录表。

提示：可上网查阅有关牛肉的国家标准和注水牛肉的鉴别方法。

2. 请各小组根据第 1 题中设计的检验步骤和记录表，完成对市场所售的牛肉进行感官品质鉴别工作。

任务 2　鱼的感官检验

【学习目标】

1. 知道鲜鱼的感官评价标准。
2. 能使用评分检验法完成对鲜鱼的感官质量判断。
3. 了解其他鱼类的感官评价标准。
4. 小组协作执行工作方案，完成对海鱼的感官检验。

【任务引入】

某水产养殖厂新收获一批鲫鱼，如图 5—2—1 所示，准备进行销售前，需对这批产品的感官质量等级进行判断，试按照检验步骤，对该产品进行检验。

图 5—2—1　鲫鱼

【任务分析】

检验鱼类的感官品质等级是判断鱼类是否新鲜的重要手段，依据 GB/T 2733—2005，判断鱼类的感官质量，主要从眼睛、鱼鳃、体表、肌肉、腹部外观五个方面进行，本任务是针对新进产品多个感官指标的强度及其差异的评鉴，所以选择使用评分检验法。

【相关知识】

在进行鱼的感官评价时，先观察其眼睛和鳃，再检查其全身和鳞片，并同时用一块洁净的吸水纸慢慢吸取鳞片上的黏液以观察和嗅闻，鉴别黏液的质量。必要时用竹签刺入鱼肉中，拔出后立即嗅其气味，或者切割小块鱼肉，煮沸后测定鱼汤的气味与滋味。鲜鱼感官评价标准见表 5—2—1。

表 5—2—1　　鲜鱼感官评价标准

分类	项目	眼球	鱼鳃	体表	肌肉	腹部外观
鱼	新鲜	饱满凸出，角膜透明清亮，有弹性	鳃丝清晰呈鲜红色，黏液透明，具有海水鱼的咸腥味或淡水鱼的土腥味，无异臭味	有透明的黏液，鳞片有光泽且与鱼体贴附紧密，不易脱落（鲳鱼、大黄鱼、小黄鱼除外）	肌肉坚实有弹性，指压后凹陷立即消失，无异味，肌肉切面有光泽	腹部正常、不膨胀，肛门白色、凹陷
	次鲜	不凸出，眼角膜起皱，稍变混浊，有时眼内溢血发红	鳃丝变暗，呈灰红色或灰紫色，黏液轻度腥臭，气味不佳	黏液多不透明，鳞片光泽度差且较易脱落，黏液黏腻而混浊	肌肉稍松散，指压后凹陷消失得较慢，稍有腥臭味，肌肉切面有光泽	腹部膨胀不明显，肛门稍凸出
	腐败	塌陷或干瘪，角膜皱缩或破裂	鳃呈褐色或灰白色，有污秽的黏液，带有不愉快的腐臭气味	体表暗淡无光，表面附有污秽黏液，鳞片与鱼皮脱离殆尽，具有腐臭味	肌肉松散，易与鱼骨分离，指压时形成的凹陷不能恢复，用手指可将鱼肉刺穿	腹部膨胀、变软或破裂，表面呈暗灰色或稍有淡绿色斑点，肛门凸出或破裂

【任务实施】

一、实验准备

配图	操作步骤	注意事项
	1. 实验用品：18 mm 白瓷碟 5 个、笔、实验记录表、不锈钢餐刀 5 把、吸水纸、镊子 5 把、刀 5 把、一次性手套	白瓷碟用随机数编号

续表

配图	操作步骤	注意事项
	2. 样品：鲜鱼	
	3. 样品呈送：将鲜鱼放入直径18 cm的白瓷盘中，五个一组，每个样品用随机数编号（用三位数的代码），呈送给评价员	

二、实验步骤

配图	操作步骤	注意事项
眼球评价		
	1. 对着自然光线观察眼球的凸出程度、角膜透明度及眼内颜色	
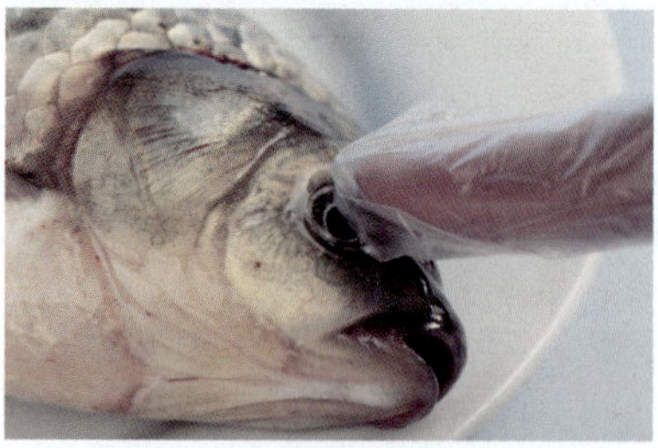	2. 用手指轻触眼球判断其弹性	

续表

配图	操作步骤	注意事项
	3. 在鲜鱼评分表（见表 5—2—3）中"眼球"一栏记下实验结果	在检验前可组织讨论，确定所使用的标度类型，使鉴评员对每一个评分点所代表的意义有共同的认识
鱼鳃评价		
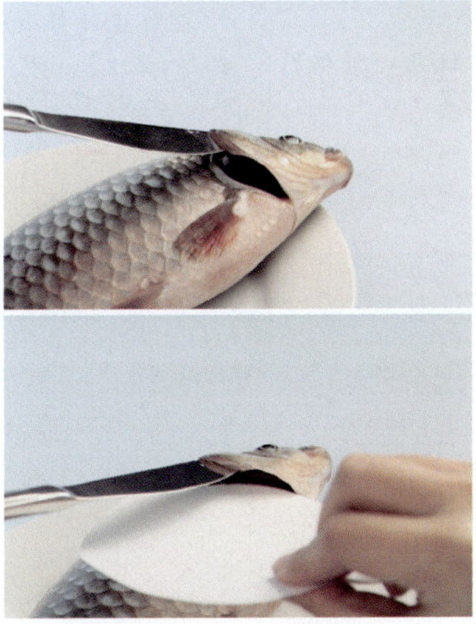	1. 用不锈钢餐刀将鱼鳃挑开，对着自然光线观察鳃丝的颜色、黏液状态	如黏液状态不易观察可用洁净的吸水纸慢慢吸取以观察和嗅闻
	2. 轻嗅鱼鳃处和黏液的味道	1. 海水鱼有咸腥味，淡水鱼有土腥味 2. 在鲜鱼评分表（见表 5—2—3）中"鱼鳃"一栏记下实验结果
体表评价		
	1. 在自然光下观察鲜鱼全身鳞片是否有光泽	

续表

配图	操作步骤	注意事项
	2. 用洁净的吸水纸慢慢吸取鳞片上的黏液以观察和嗅闻	海水鱼有咸腥味，淡水鱼有土腥味
	3. 用镊子夹住任意一处鳞片，观察鳞片是否易脱落	在鲜鱼评分表(见表5—2—3)中“体表”一栏记下实验结果
肌肉评价		
	1. 用手指按压鱼体，观察指压后凹陷消失速度	
	2. 用刀将鱼体切开，用手指拨开切缝，轻闻味道	
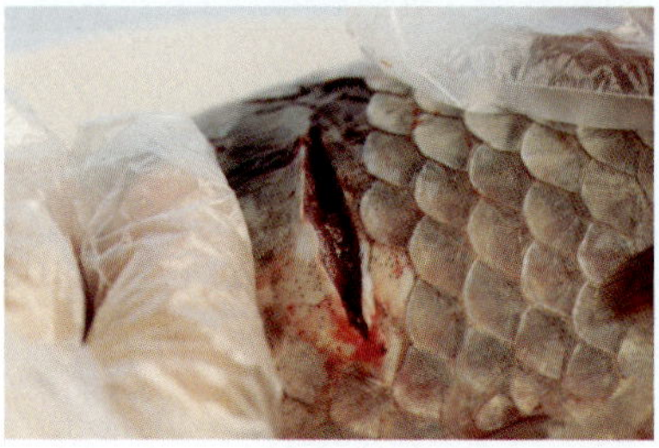	3. 用手指拨开切缝，观察肌肉切面是否具有光泽，肉质结构是否坚实	在鲜鱼评分表(见表5—2—3)中“肌肉”一栏记下实验结果

续表

配图	操作步骤	注意事项
腹部外观评价		
	1. 在自然光下观察鱼的腹部膨胀程度、颜色	
	2. 用手指轻压鱼腹部，看鱼腹是否变软、破裂	
	3. 在自然光下观察鱼的肛门状态	在鲜鱼评分表（见表5—2—3）中“腹部外观”一栏记下实验结果

表5—2—2　鲜鱼评分标准

项目	标准	最高分	扣分
眼睛	饱满凸出，角膜透亮，有弹性 不凸出，角膜起皱，稍混浊，有时眼内溢血发红 塌陷干瘪，角膜皱缩或破裂	20	0 1～2分 3分以上
鱼鳃	鳃丝清晰鲜红，黏液透明，具有特定鱼类气味，无异臭味 鳃丝变暗，呈灰红色或灰紫色，黏液轻度腥臭，气味不佳 鳃呈褐色或灰白色，有污秽黏液，带有腐臭气味	20	0 1～2分 3分以上
体表	有透明黏液，鳞片有光泽且与鱼体贴附紧密，不易脱落（鲳鱼、大黄鱼、小黄鱼除外） 黏液多不透明，鳞片光泽度差且较易脱落，黏液黏腻混浊 体表暗淡无光，表面附有污秽黏液，鳞片与鱼皮脱离殆尽，具有腐臭味	20	0 1～2分 3分以上

续表

分类		体表	眼睛	肌肉	色泽	气味	鱼鳃
咸鱼	优质	体表完整，无破肚及骨肉分离现象，体型平展，无残鳞，无污物	清晰透明	肉质致密结实，有弹性	色泽新鲜，具有光泽	具有咸鱼所特有的风味，咸度适中	—
	次质	鱼体基本完整，但可有少部分变成红色或轻度变质，有少量残鳞或污物	稍混浊，有少量悬浮物	肉质稍软，弹性差	色泽不鲜明或暗淡	可有轻度腥臭味	—
	劣质	体表不完整，骨肉分离，残鳞及污物较多，有霉变现象	油液混浊	肉质疏松易散	体表发黄或变红	具有明显的腐败臭味	—
干鱼	优质	鱼体完整，干度足，肉质韧性好，切割刀口处平滑，无裂纹、破碎和残缺现象	—	—	外表洁净有光泽，表面无盐霜，鱼体呈白色	具有干鱼的正常风味	—
	次质	鱼体外观基本完善，但肉质韧性较差	—	—	外表光泽度差，色泽稍暗	可有轻微的异味	—
	劣质	肉质疏松，有裂纹、破碎或残缺，水分含量高	—	—	体表暗淡色污，无光泽，发红或呈灰白色、黄褐色、混黄色	有酸味、脂肪酸败或腐败臭味	—

续表

分类		体表	眼睛	肌肉	色泽	气味	鱼鳃
黄鱼	优质	体表呈金黄色，有光泽，鳞片完整，不易脱落	眼球饱满凸出，角膜透明	肉质坚实，富有弹性	—	—	鳃色鲜红或紫红，小黄鱼多为暗红或紫红，无异臭或鱼腥臭，鳃丝清晰，黏液腔呈鲜红色
	次质	体表呈淡黄色或白色，光泽较差，鳞片不完整，容易脱落	眼球平坦或稍陷，角膜稍混浊	肌肉松弛，弹性差（如有软肚或破肚，则为变质的黄鱼）	—	—	鳃色暗红、暗紫或棕黄、灰红，有腥臭，但无腐败臭，鳃丝粘连

【思考与练习】

1. 在进行鲜鱼的感官检验时，鱼需要开膛清理吗？请简述原因。

2. 请从市场采集三种不同种类的海鱼样品，需根据其感官特征，确定这三种海鱼感官质量的优劣，请根据评分实验法和相关文件的要求分小组设计检验步骤和记录表。请各小组根据检验步骤和记录表，完成对市场所售的三种不同种类的海鱼样品的感官品质等级鉴别工作。

任务 3　火腿的感官检验

【学习目标】

1. 知道火腿的分级感官评价标准。
2. 在没有教师指导下，利用学习资料，小组合作学习分类检验法的基础知识。
3. 能使用分类检验法完成对火腿的分级感官质量判断。
4. 了解其他肉制品的感官评价标准。

【任务引入】

某厂家按计划生产一批特级火腿，现需食品监督部门检验这批火腿的品质是否达标，如图 5—3—1 所示，其中第一个检验内容就是火腿感官鉴别，试按照检验步骤，依据相应等级的感官标准，对该产品的等级进行判断。

图 5—3—1　火腿

【任务分析】

检验火腿的感官品质是判断火腿等级的重要环节，依据 GB/T 5009.44—2003，判断火腿的感官质量，主要从外观、色泽、组织状态、气味四个方面进行，本任务是对产品等级的判断，所以选择使用分类检验法。一旦遇到不合格的情况，应及时调整产品等级或暂停销售。

【相关知识】

一、分类实验法

评价员品评样品后，划出样品应属的预先定义的类别，这种评价实验的方法称为分类实验法。它是先由专家根据某样品的一个或多个特征，确定出样品的质量或其他特征类别，再将样品归纳入相应类别或等级的办法。此法是使样品按照已有的类别划分，可在任何一种检验方法的基础上进行。

1. 方法特点

（1）此法是以过去积累的已知结果为根据，在归纳的基础上进行产品分类。

（2）当样品打分有困难时，可用分类法评价出样品的好坏差异得出样品的级别、好坏，也可以鉴定出样品的缺陷等。

2. 问答表设计与做法

把样品以随机的顺序出示给鉴评员，要求鉴评员按顺序鉴评样品后，根据鉴评表中所规定的分类方法对样品进行分类。分类检验法问答表的一般形式见表 5—3—1。

表 5—3—1　　分类检验法问答表的一般形式示例

<table>
<tr><td colspan="5">分类检验法
姓名：________　　日期：________　　样品类型：________</td></tr>
<tr><td colspan="5">实验指令：
（1）从左到右依次品尝样品
（2）品尝后把样品划入你认为应属的预先定义的类别</td></tr>
<tr><td>样品</td><td>一级</td><td>二级</td><td>三级</td><td>合计</td></tr>
<tr><td>A
B
C
D</td><td></td><td></td><td></td><td></td></tr>
<tr><td>合计</td><td colspan="4"></td></tr>
</table>

二、火腿的分级感官检验指标

火腿可根据其外观、色泽、组织状态、气味等几个方面的指标分为特级、一级、二级、三级和四级，具体划分标准可见表 5—3—2。

表 5—3—2　　火腿的分级感官检验指标

<table>
<tr><td colspan="2">项目
分类</td><td>外观</td><td>色泽</td><td>组织状态</td><td>气味</td></tr>
<tr><td rowspan="5">火腿</td><td>特级</td><td>腿皮整齐，腿爪细，腿心肌肉丰满，腿上油头小，腿形整洁美观</td><td rowspan="2">肌肉切面为深玫瑰色、桃红色或暗红色，脂肪呈白色、淡黄色或淡红色</td><td rowspan="2">结实而致密，具有弹性，指压凹陷能立即恢复，基本上不留痕迹，切面平整、光滑</td><td rowspan="2">具有正常火腿所特有的香气</td></tr>
<tr><td>一级</td><td>全腿整洁美观，油头较小，无虫蛀和鼠咬伤痕</td></tr>
<tr><td>二级</td><td>腿爪粗，皮稍厚，味稍咸，腿形整齐</td><td>肌肉切面呈暗红色或深玫瑰红色，脂肪切面呈白色或淡黄色，光泽较差</td><td>肉质较致密，略软，尚有弹性，指压凹陷恢复较慢，切面平整</td><td rowspan="2">稍有酱味、花椒味或豆豉味，无明显的哈喇味，可有微弱酸味</td></tr>
<tr><td>三级</td><td>腿爪粗，加工粗糙，腿形不整齐，稍有破伤、虫蛀伤痕，并有异味</td><td rowspan="2">肌肉切面呈酱色，上有斑点，脂肪切面呈黄色或黄褐色，无光泽</td><td rowspan="2">组织状态疏松稀软，甚至呈黏糊状，尤以骨髓及骨周围组织更加明显</td></tr>
<tr><td>四级</td><td>脚粗皮厚，骨头外露，腿形不整齐，稍有伤痕、虫蛀和异味</td><td>具有腐败臭味或严重的酸败味及哈喇味</td></tr>
</table>

【任务实施】

一、实验准备

配图	操作方法	注意事项
	1. 用具：白瓷盘5个、一次性手套5副、小刀5把、小叉子5个	
	2. 样品：火腿	
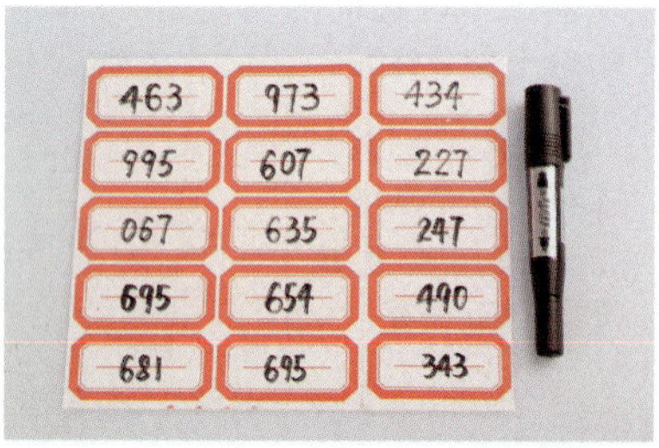	3. 备样：备样员给出5个样品，每个样品用随机数编号（用三位数的代码），每个样品给三个编码，作为三次重复检验之用，并按任意顺序进行呈送样品	1. 供样顺序是备样员内部参考使用，实验员用的检验记录表上看到的只是编码，无供样顺序 2. 在重复下一组检验时样品呈送顺序不变，编码数字换为第二次检验编号
	4. 样品呈送：将样品分别放入白瓷盘中，样品数量不得少于25 g，一组5个，按编号码放，呈送给评价员	在将样品分入试样杯前要将三种样品分别混匀

二、实验步骤

配图	操作方法	注意事项
	1. 在自然光线下观察样品的外观	
	2. 用小刀切开火腿观察肌肉切面	注意要观察肌肉和脂肪两部分
	3. 戴上一次性手套，用手按压样品，判断样品组织状态	注意要观察肌肉弹性和切面光滑度两部分
	4. 嗅闻样品的气味	
	5. 在表5—3—3中按要求记录相应的编号和判断结果	将评价员分为每组5人，提前进行培训，了解所使用的判断标准，见表5—3—2，使鉴评员对每一个分级的标准有共同的认识

表 5—3—3　　火腿分级感官检验记录表

火腿分级感官检验记录表 姓名：________ 日期：________ 样品：________ 检验组别：________						
实验指令： （1）从左到右依次品尝样品 （2）在鉴定完每一个样品之后，在其编码后面相对应的级别处打“√”						
样品	编号	特级	一级	二级	三级	四级
A B C D E						

【考核评价】

考核评价表

素质	内容 学习目标	评价项目	评价 个人评价30%	 小组评价30%	 教师评价40%
知识（20分）	应知	1. 知道火腿的感官评价指标 2. 掌握分类检验法的完整操作方法 3. 了解其他肉制品的感官评价标准			
专业能力（60分）	准备工作（10分）	1. 仪器、样品符合操作标准 2. 能用随机数编号，能正确选定呈送顺序 3. 能理解每一个评分点的意义			
	能使用正确的方法对火腿的感官指标进行评价（20分）	1. 操作方法、程序正确 2. 能用规范的操作完成判断检验			
	能够使用分类检验法完成对火腿的感官质量判断结果记录（20分）	1. 操作方法、程序正确 2. 能用规范的数据及文字记录实验结果			
	遵守安全、卫生要求（10分）	1. 遵守实验室安全规范 2. 遵守实验室卫生规范			
通用能力（10分）	动作协调能力（5分）	动作灵活、准确，双手配合协调			
	与人合作能力（5分）	与同学互相配合，团结互助			
态度（10分）	认真、细致、勤劳	实验态度认真，公正，检测数据真实可信			
总分					
平均分					

【知识拓展】

其他肉制品的感官评价标准见表5—3—4。

表5—3—4　其他肉制品的感官评价标准

分类	项目	外观	色泽	组织状态	气味
香肠	优质	肠衣干燥而完整，并紧贴肉馅，表面有光泽	切面有光泽，肉馅呈红色或玫瑰色，脂肪呈白色或微带红色	切面平整坚实，肉质紧密而富有弹性	具有香肠特有的风味
	次质	肠衣稍有湿润或发黏，易与肉馅分离，表面色泽稍暗，有少量霉点，但抹拭后不留痕迹	部分肉馅有光泽，深层呈咖啡色，脂肪呈淡黄色	组织稍软，切面平齐但有裂隙，外围部分有软化现象	风味略减，脂肪有轻度酸败味或肉馅带有酸味
	劣质	肠衣湿润、发黏，极易与肉馅分离，表面色泽稍暗，有少量霉点，但抹拭后不留痕迹	肉馅无光泽，肌肉碎块的颜色灰暗，脂肪呈黄色或黄绿色	组织松软，切面不齐，裂隙明显，中心部分有软化现象	有明显的脂肪酸败气味或其他异味
咸肉	优质	外表干燥、清洁	—	肉质致密而结实，切面平整，有光泽，肌肉呈红色或暗红色，脂肪切面呈白色或微红色	具有咸肉固有的风味
	次质	外表稍湿润、发黏，有时带有霉点	—	质地稍软，切面尚平整，光泽较差，肌肉呈咖啡色或暗红色，脂肪带黄色	脂肪有轻度酸败味，骨周围组织稍有酸味
	劣质	外表湿润、发黏，有霉点或其他变色现象	—	质地松软，肌肉切面发黏，色泽不均匀，多呈酱色，无光泽，脂肪呈黄色或灰绿色，骨骼周围常带有灰褐色	脂肪有明显哈喇味及酸败味，肌肉有腐败臭味

续表

分类	项目	外观	色泽	组织状态	气味
灌肠（灌肚）	优质	肠衣（或肚皮）干燥而完整，并紧贴肉馅，表面有光泽	切面有光泽，肉馅呈红色或玫瑰色，脂肪呈白色或微带红色	切面平整坚实，肉质紧密而富有弹性	具有灌肠（灌肚）特有的风味
	次质	肠衣（或肚皮）稍有湿润或发黏，易与肉馅分离，表面色泽稍暗，有少量霉点，但抹拭后不留痕迹	部分肉馅有光泽，深层呈咖啡色，脂肪呈淡黄色	组织松软，切面平齐但有裂隙，外围部分有软化现象	风味略减，脂肪有轻度酸败味或肉馅带有酸味
	劣质	肠衣（或肚皮）湿润、发黏，极易与肉馅分离并易撕裂，表面霉点严重，抹拭后仍有痕迹	肉馅无光泽，肌肉碎块颜色灰暗，脂肪呈黄色或黄绿色	组织松软，切面不齐且裂隙明显，中心部分有软化现象	明显的脂肪酸败气味或其他异味
广式腊味（腊肠、腊肉）	优质	—	色泽鲜明，有光泽，肌肉呈鲜红色或暗红色，脂肪透明或呈乳白色	肉质干爽，结实致密，坚韧而有弹性，指压后无明显凹痕	具有广式腊味固有的正常风味
	次质	—	色泽稍淡，肌肉呈暗红色或咖啡色，脂肪呈淡黄色，表面可有霉斑，抹拭后无痕迹，切面有光泽	肉质轻度变软，但尚有弹性，指压后凹痕尚易恢复	风味略减，伴有轻度脂肪酸败味
	劣质	—	肌肉灰暗无光，脂肪呈黄色，表面有霉点，抹拭后仍有痕迹	肉质松软，无弹性，指压后凹痕不易恢复，肉表面附有黏液	有明显脂肪酸败味或其他异味

【思考与练习】

1. 使用分类实验法之前，评价员是否需要了解并掌握样品的相关特征？请简述原因。

2. 请从市场采集三种不同品牌的广式腊肠样品，需根据其感官特征，确定这三种样品的级别，请根据分类实验法和相关文件的要求分小组设计检验步骤和记录表。请各小组根据检验步骤和记录表，完成对市场所售的三种不同品牌的广式腊肠样品的感官品质等级鉴别工作。

项目六

粮油及其制品的感官检验

【先导知识】

粮油是人类膳食的重要组成部分，其中粮食是我国人民的最基本的主食，而油脂是指在制作食品过程中使用的动物或者植物油脂，常温下为液态。

一、粮食

粮食主要分为谷类、豆类和薯类。

谷类包括：稻、麦、玉米、小米、高粱、青稞、大麦、燕麦等。

豆类包括：大豆、蚕豆、豌豆、绿豆、赤豆等。

薯类包括：甘薯、木薯等。

粮食主要应用于制作主食、菜肴、糕点、小吃以及酿制调味品。

二、油脂

从油脂的来源讲，可分为陆地动物油脂、海洋动物油脂、植物油脂、乳脂和微生物油脂。

陆地动物油脂包括猪油、牛油、羊油、鸡油、鸭油等；海洋动物油脂包括鲸油、深海鱼油等；植物油脂主要包括大豆油、花生油、芝麻油、菜籽油、棉籽油、玉米油、米糠油等。

任务 1　大豆油的感官检验

【学习目标】

1. 知道大豆油的感官检验标准。
2. 能够使用评分检验法完成对大豆油的感官质量判断。
3. 了解其他植物油的感官评价标准。
4. 利用学习资料，与小组成员合作制作标度表情图片。

【任务引入】

某企业生产的大豆油新产品（见图 6—1—1）准备小规模投产，请对该产品的感官质量进行判断。

图 6—1—1　大豆油

【任务分析】

检验大豆油的感官品质等级是新产品是否能投入生产的第一道鉴评程序，根据 GB/T 5525—2008 和 GB 1535—2003，判断大豆油的感官质量，主要从色泽、透明度、水分、气味、滋味、杂质和沉淀六个方面通过评分检验法或描述性检验法进行，本任务是针对新产品多个感官指标的强度及其差异的评鉴，所以选择使用评分检验法。

【相关知识】

大豆油取自大豆种子，是世界上产量最多的油脂。大豆油的种类很多，按加工方式可分为压榨大豆油、浸出大豆油；按大豆的种类可分为大豆原油、转基因大豆油。

大豆油的感官评价标准可见表6—1—1。

表6—1—1　　大豆油的感官评价标准

项目	等级	标准
色泽	优质	色清透明、晶亮
	次质	色清透明，有微黄感
	劣质	色清微混浊，有悬浮物
透明度	优质	完全清晰透明
	次质	稍混浊，有少量悬浮物
	劣质	油液混浊，有大量悬浮物和沉淀物
水分含量	优质	水分不超过0.2%
	次质	水分超过0.2%
	劣质	水分含量较高
杂质和沉淀	优质	油色不变，无沉淀或有微量沉淀，其杂质含量不超过0.2%，磷脂含量不超标
	次质	油色不变，有悬浮物及沉淀物，杂质含量不超过0.2%，磷脂含量超过标准
	劣质	油色变深，有大量的悬浮物及沉淀物，有机械性杂质，将油加热到280℃时，油色变黑，有较多沉淀物析出 注：在0℃以下冷冻应无沉淀物析出。但冬天低于0℃时则会有较高熔点的油脂结晶析出，为正常现象
气味	优质	具有大豆油固有的气味
	次质	气味平淡，微有异味，如青草味等
	劣质	有霉味、焦味、哈喇味等不良气味
滋味	优质	具有大豆固有的滋味，无异味
	次质	滋味平淡或稍有异味
	劣质	有苦味、酸味、辣味及其他刺激味或不良滋味

【任务实施】

一、实验准备

配图	操作步骤	注意事项
	1. 实验用品：5 只 150 mL 烧杯、5 只 25 mL 的比色管、5 只 100 mL 的烧杯、5 支钢勺、酒精灯或炉火、5 桶未开封样品大豆油、滴管、5 只试液杯、5 根玻璃棒、笔、实验记录表	
	2. 样品：大豆油	大豆油在实验前混匀并过滤

续表

配图	操作步骤	注意事项
	3. 样品呈送 （1）色泽、杂质和沉淀评价：将大豆油倒入 150 mL 的烧杯中，油层高度不得小于 5 mm （2）透明度、水分含量评价：将 25 mL 样品置于比色管中 （3）将样品置于试液杯中 根据不同的检测项目将样品分为五个一组，随机编号码放，呈送给评价员	1. 或直接用 1 ~ 1.5 m 长的玻璃插油管抽取澄清无残渣的油品，油柱长 25 ~ 30 cm，也可移入试管或比色管中 2. 冬季油脂变稠或凝固时，取油样 250 g 左右，加热至 35 ~ 40 ℃，使之呈液态，并冷却至 20 ℃ 左右时再进行鉴别

二、实验步骤

配图	操作步骤	注意事项
色泽评价		
	1. 对着自然光线观察	

续表

配图	操作步骤	注意事项
杂质和沉淀评价		
方法一：加热观察法		
	1. 取油样于钢勺内加热（不超过 160℃）	
	2. 拨去油沫，观察油的颜色	1. 若油色没有变化，也没有沉淀，说明杂质少，一般在 0.2% 以下 2. 若油色变深，杂质约为 0.49% 3. 若勺底有沉淀，说明杂质多，为 1% 以上 4. 在大豆油评分表（见表 6—1—3）中“杂质和沉淀”一栏记下实验结果
方法二：高温加热观察法		
	1. 取油样于钢勺内加热到 280℃	
	2. 拨去油沫，观察油的颜色。 （1）若油色不变化，也无析出物，说明油中无磷脂 （2）若油色变深，有微量析出物，说明磷脂含量超标 （3）若加热到 280℃，油色变黑，有大量析出物，说明磷脂含量较高，超过国家标准 （4）若油脂变成绿色，可能是油脂中的铜含量过多之故	在大豆油评分表（见表 6—1—3）中“杂质和沉淀”一栏记下实验结果

续表

配图	操作步骤	注意事项
气味评价		
方法一：开封鉴别法		
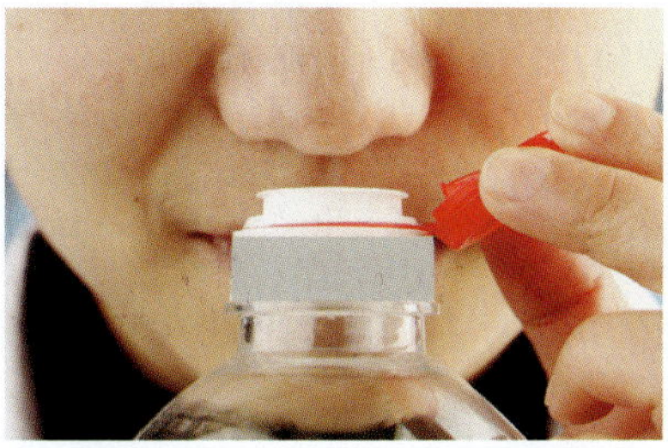	装油脂的容器在开口的瞬间，将鼻子凑近容器口，闻其气味	1. 每种油均有特有的气味，这是油料作物所固有的，如豆油有豆味、花生油有花生味、菜籽油有菜籽味、芝麻油有芝麻特有的香味等 2. 在大豆油评分表（见表6—1—3）中“气味”一栏记下实验结果
方法二：摩擦鉴别法		
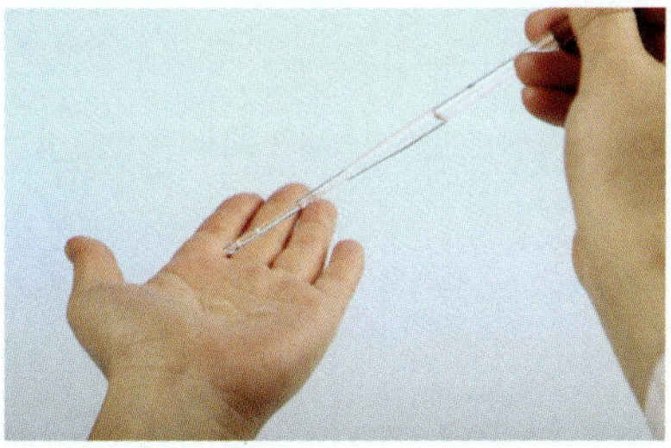	1. 用滴管取1～2滴油样放在手掌或手背上	
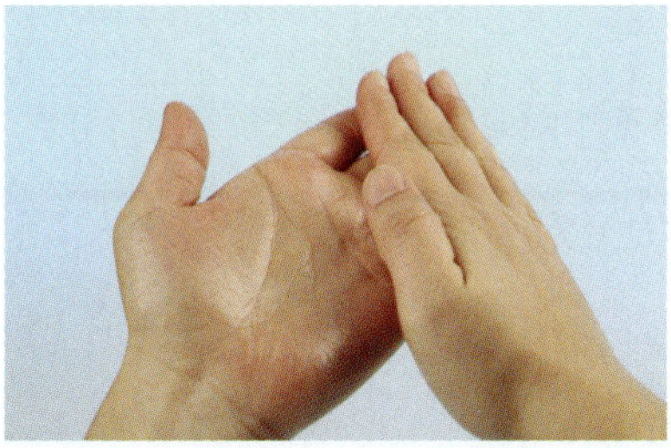	2. 双手合拢，快速摩擦至发热后闻其气味	在大豆油评分表（见表6—1—3）中“气味”一栏记下实验结果
方法三：加热鉴别法		
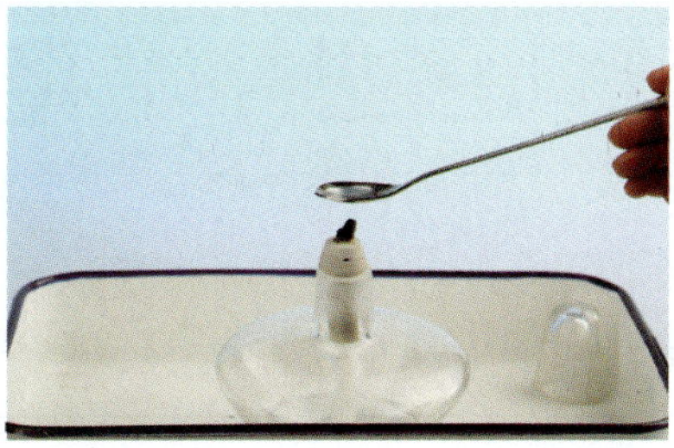	用不锈钢勺取油样，加热至约50℃时闻其气味	在大豆油评分表（见表6—1—3）中“气味”一栏记下实验结果

续表

配图	操作步骤	注意事项
滋味评价		
	用玻璃棒取少许油样，点涂在舌头上，辨其滋味	1. 不正常的油脂会带有酸、辛辣等滋味和焦苦味，正常的油脂无异味 2. 在大豆油评分表（见表6—1—3）中“滋味”一栏记下实验结果

表6—1—2　　大豆油评分标准

项目	标准	最高分	扣分
色泽	色清透明、晶亮 色清透明，有微黄感 色清微混浊，有悬浮物	10	0 1～2分 3分以上
透明度	完全清晰透明 稍混浊，有少量悬浮物 油液混浊，有大量悬浮物和沉淀物	10	0 1～2分 3分以上
水分含量	水分不超过0.2% 水分超过0.2% 水分含量较高	25	0 1～2分 4～7分
杂质和沉淀	油色不变，无沉淀或有微量沉淀，其杂质含量不超过0.2%，磷脂含量不超标 油色不变，有悬浮物及沉淀物，杂质含量不超过0.2%，磷脂含量超过标准 油色变深，有大量的悬浮物及沉淀物，有机械性杂质，将油加热到280℃时，油色变黑，有较多沉淀物析出 注：在0℃以下冷冻应无沉淀物析出。但冬天低于0℃时则会有较高熔点的油脂结晶析出，为正常现象	25	0 1～2分 4～7分
气味	具有大豆油固有的气味 气味平淡，微有异味，如青草味等 有霉味、焦味、哈喇味等不良气味	15	0 1～2分 3～6分
滋味	具有大豆固有的滋味，无异味 滋味平淡或稍有异味 有苦味、酸味、辣味及其他刺激味或不良滋味	15	0 1～2分 3～6分

表 6—1—3　　大豆油感官评价实验记录表

样品名称：________　评价员姓名：________　检验日期：________

编号	1	2	3	4	5
样品号 / 得分 / 项目					
色泽 10%					
透明度 10%					
水分含量 25%					
杂质和沉淀 25%					
气味 15%					
滋味 15%					
评语					
备注					

【考核评价】

素质	内容 学习目标	评价项目	评价 个人评价 30%	 小组评价 30%	 教师评价 40%
知识（20 分）	应知应会	1. 知道评分检验法的概念 2. 了解评分检验法的基本步骤 3. 掌握评分检验法的要点 4. 了解其他油脂的感官评价标准			
专业能力（60 分）	准备工作（10 分）	1. 仪器、样品符合操作标准 2. 能用随机数编号，能正确选定呈送顺序 3. 能理解每一个评分点的意义			
	能使用正确的方法对大豆油的感官指标进行评价（20 分）	1. 操作方法、程序正确 2. 能用规范的操作完成判断检验			
	能够使用评分检验法完成对大豆油的感官质量判断结果记录（20 分）	1. 操作方法、程序正确 2. 能用规范的数据及文字记录实验结果			
	遵守安全、卫生要求（10 分）	1. 遵守实验室安全规范 2. 遵守实验室卫生规范			
通用能力（10 分）	动作协调能力（5 分）	动作灵活、准确，双手配合协调			
	与人合作能力（5 分）	与同学互相配合，团结互助			

续表

素质	内容	评价项目	评价		
	学习目标		个人评价30%	小组评价30%	教师评价40%
态度（10分）	认真、细致、勤劳	实验态度认真，能及时排除实验中的问题			
总分					
平均分					

【知识拓展】

一、其他植物油的整体特征

其他植物油的整体特征见表 6—1—4。

表 6—1—4　　其他植物油的整体特征

分类	整体特征
色拉油	色拉油是指各种植物原油经脱胶、脱色、脱臭（脱脂）等加工程序精制而成的高级食用植物油。主要用作凉拌油或用作蛋黄酱、调味油的原料油。目前市场上出售的色拉油主要有大豆色拉油、菜籽色拉油、米糠色拉油、棉籽色拉油、葵花籽色拉油和花生色拉油
花生油	花生油淡黄透明，色泽清亮，气味芬芳，滋味可口，是一种比较容易消化的食用油。花生油含不饱和脂肪酸达 80% 以上（其中含油酸 41.2%，亚油酸 37.6%）。另外还含有软脂酸、硬脂酸和花生酸等饱和脂肪酸 19.9%。花生油的脂肪酸构成是比较好的，易于人体消化吸收
菜籽油	菜籽油中的维生素E含量在各种食用油中是较高的，还含有胡萝卜素、维生素B_{12}等，消化率为 99%，是一种良好的食用油。其缺点是菜籽油中含有芥酸，故烹调时有辣的滋味，但炸过一次食物后，其辣味便可消失。菜籽油适用于油炸食物和炒菜之用。菜籽油价格低，是生产奶油的好原料
棉籽油	棉籽油有两种，一种是棉籽经过压榨或萃取制得的毛棉籽油，另一种是将毛棉籽油再经过精炼加工制得的精炼棉籽油
玉米油	玉米油是从玉米胚芽中提炼出来的，是一种新的高级食用油。其营养成分丰富，不饱和脂肪酸含量高达 58%，油酸含量为 40% 左右，胆固醇含量最少，对人体是最有益的。当今世界美国生产的玉米油量最大
米糠油	米糠油是从米糠中提取出来的。一般新鲜米糠含油量为 18% ~ 22%，与大豆、棉籽相近，其特点是色泽浅黄、透明澄清、滋味芳香、没有异味、熔点低、易被人体消化。由于米糠油营养价值高，已是当今发达国家的食用油之一。我国是世界上盛产稻米之国，为扩大油源，我国已将米糠列为油料之一

二、其他植物油的感官评价标准

其他植物油的感官评价标准见表 6—1—5。

表 6—1—5 其他植物油的感官评价标准

分类		色泽	透明度	水分	杂质和沉淀	气味	滋味
色拉油		颜色清淡	无沉淀物或悬浮物	—	—	无臭味，在保存中也没有使人讨厌的酸败气味，气味正常稳定性好	—
花生油	优质	优质花生油一般呈淡黄色至棕黄色	清晰透明	0.2%以下	有微量沉淀物，杂质含量不超过 0.2 %，加热至 280 ℃时油色不变深，有沉淀析出	具有花生油固有的香味（未经蒸炒直接榨取的油香味较淡），无任何异味	具有花生油固有的滋味，无任何异味
	次质	次质花生油呈棕黄色至棕色	稍混浊，有少量悬浮物	0.2%以上	—	具有花生油固有的香味但稍平淡，微有异味，如青豆味、青草味等	具有花生油固有的滋味但稍平淡，微有异味
	劣质	劣质花生油呈棕红色至棕褐色	油液混浊	—	有大量悬浮物及沉淀物，加热至 280 ℃时油色变黑，并有大量沉淀物析出	有霉味、焦味、哈喇味等不良气味	具有苦味、酸味、辛辣味及其他刺激性或不良滋味
菜籽油	优质	呈黄色至棕色	清澈透明	0.2%以下	无沉淀物或有微量沉淀物，杂质含量不超过 0.2 %，将油加热到 280 ℃时，油色无变化且无沉淀物析出	具有菜籽油固有的气味	具有菜籽油特有的辛辣气味，无任何异味
	次质	呈棕红色至棕褐色	微混浊，有微量悬浮物	0.2%以上	有沉淀物及悬浮物，其杂质含量超过 0.2 %，加热至 280 ℃油色变深且有沉淀物析出	气味平淡或微有异味	滋味平淡或略有异味
	劣质	呈褐色	液体极混浊	—	有大量的悬浮物及沉淀物，加热至 280 ℃时油色变黑，并有大量沉淀物析出	有霉味、焦味、干草味、哈喇味等不良气味	有苦味、焦味、酸味等不良滋味

续表

<table>
<tr><th colspan="2">项目
分类</th><th>色泽</th><th>透明度</th><th>水分</th><th>杂质
和沉淀</th><th>气味</th><th>滋味</th></tr>
<tr><td rowspan="3">玉米油</td><td>优质</td><td>色泽淡黄，质地透明莹亮</td><td>—</td><td rowspan="3">0.2%以下，油色透明澄清</td><td rowspan="3">油色澄清明亮，无悬浮物，杂质在0.1%以下的质量最好，反之质量差</td><td>具有玉米的芳香风味，无其他异味的质量最好</td><td>—</td></tr>
<tr><td>次质</td><td>—</td><td>—</td><td rowspan="2">有酸败气味的质量差</td><td>—</td></tr>
<tr><td>劣质</td><td>—</td><td>—</td><td>—</td></tr>
<tr><td rowspan="3">米糠油</td><td>优质</td><td>色泽微黄，质地透明澄清</td><td>—</td><td rowspan="3">0.2%以下质量好，反之质量差</td><td rowspan="3">澄清明亮，无悬浮物，杂质在0.1%以下符合规格标准的质量好，反之，质量差</td><td rowspan="3">具有米糠的气味，无不良气味的符合规格标准的质量好，反之，质量差</td><td>—</td></tr>
<tr><td>次质</td><td>—</td><td>—</td><td>—</td></tr>
<tr><td>劣质</td><td>—</td><td>—</td><td>—</td></tr>
</table>

【思考与练习】

1. 在日常工作中我们可以利用表情图片作为标度，例如：

请以小组为单位制作适用于评分法中九个标度的表情图片，并在全班展示。

2. 准备检验两种菜籽油样品，请根据其他植物油的整体特征（见表6—1—4）和感官评价标准（见表6—1—5），采用10分制评分法制定出菜籽油的问答表。

任务2　大米的感官检验

【学习目标】

1. 知道大米的感官评价指标。
2. 能够使用描述性检验法完成对大米的感官质量判断。
3. 了解其他粮食的感官评价标准。
4. 在没有教师的指导下，利用学习资料，向同伴讲解新旧大米的感官区别。

【任务引入】

某批发企业采购不同原产地稻子生产的三批不同的大米，如图 6—2—1 所示，准备上市销售前，需按照大米的质量优劣确定大米的等级，以便确定大米的销售价格，其中第一道鉴评程序就是对产品的感官评价，请对该产品的感官质量进行判断。

图 6—2—1　大米

【任务分析】

大米的感官品质等级是确定粮食等级的重要标准之一，依据 GB/T 1354—2009 和 GB 15682—2008，判断大米的感官质量，主要从色泽、外观、气味、滋味四个方面通过描述性检验法进行，可根据大米的感官品质初步确定大米等级。

【相关知识】

大米是我国的主粮之一，按其稻种可分为籼米、粳米、糯米、香米、黑米等品种。其感官评价可从质量优劣与新鲜程度两方面进行。

一、质量优劣的评价

大米质量优劣的评价标准见表 6—2—1。

表 6—2—1　　大米感官评价标准

分类＼项目		色泽	外观	气味	滋味
大米	优质	清白色或精白色，具有光泽，呈半透明状	大小均匀，坚实丰满，粒面光滑、完整，很少有碎米、爆腰（米粒上有裂纹）、腹白（米粒上乳白色不透明部分叫腹白），无虫，不含杂质	具有正常的香味，无其他异味	味佳、微甜，无任何异味

续表

分类	项目	色泽	外观	气味	滋味
大米	次质	呈白色或微淡黄色，透明度差或不透明	米粒大小不均，饱满程度差，碎米较多，有爆腰和腹白粒，粒面发毛，生虫，有杂质，带壳粒含量超过 20 粒 /kg	微有异味	乏味或微有异味
	劣质	其中霉变的米粒色泽差，表面呈绿色、黄色、灰褐色、黑色等	有结块、发霉现象，表面可见霉菌丝，组织疏松	有霉变气味、酸臭味、腐败味及其他异味	有酸味、苦味及其他不良滋味

二、新大米和陈大米

新大米是指用当年生产的稻谷经碾磨加工出来的大米。陈大米是指非当年生产的稻谷经碾磨加工出来的大米，或存放时间超过半年的大米。

新大米色白，富有光泽，气味清新，韧性强，不易断裂；做成的饭口感好，香味浓，有韧性，饱腹时间长。而陈大米的皮层变厚，光泽减少，米粒坚硬，脆性大，易断裂；做成的饭口感差，粗糙，没有香味，营养价值下降，饱腹时间短。

【任务实施】

一、实验准备

配图	操作方法	注意事项
	1. 用具：试样杯 3 个、小勺 3 个、15 cm × 15 cm 的黑纸 3 张、50 mL 加盖试管 3 个、100 mL 烧杯 3 个、60 ~ 70℃的温水	

续表

配图	操作方法	注意事项
	2. 样品：3 种不同品牌的大米样品	
	3. 备样：备样员给出 10 个样品，每个样品用随机数编号（用三位数的代码），每个样品给三个编码，作为 3 次重复检验之用，并按任意顺序进行呈送样品	1. 供样顺序是备样员内部参考使用，实验员用的检验记录表上看到的只是编码，无供养顺序 2. 在重复下一组检验时样品编排顺序不变，编码数字换为第二次检验编号
	4. 样品呈送：将 3 种不同的样品分别倒入试样杯中，样品数量不得少于 10 g，一组 3 个，按编号码放，呈送给评价员	1. 在将样品分入试样杯前要将 3 种样品分别混匀 2. 每组中不同等级样品出现的概率应相等

表 6—2—2　　各感官检测项目描述词汇

项目	指标		描述词汇
色泽	颜色		清白色、精白色、白色、苍白、灰白、斑白、微淡黄、淡黄、黄色、灰褐色、绿色、黑色
	透明度		透明、半透明、不透明
	光泽		有光泽、微有光泽、无光泽
外观	粒型	形态	完整、丰满、饱满、部分碎裂、部分凹陷、断裂、不规则
		大小	均匀、较均匀、不均匀、大、长、小、圆
		粒面	光滑、完整、粗糙、发霉、发毛、爆腰（有裂纹）
	腹白		无腹白、少量腹白、大面积腹白
气味	香气		似有香气、微有香气、香气不足、浓郁、余香、喷香、爆香、醇正无味、霉味、酸味、腐败味、异味
滋味	甜度		香甜、腻甜、微甜、无甜味、甘甜、回甜、微酸、酸败、味苦、苦甜
	口感		香醇、浓厚、余味、粗糙、细腻、润滑、绵软、干硬

二、实验步骤

配图	操作方法	注意事项
	1. 用小勺将样品均匀地在黑纸上撒一薄层	
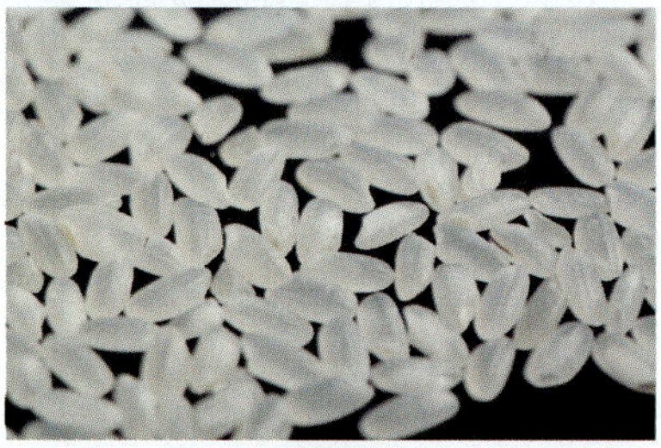	2. 在自然光下仔细观察其色泽和外观	注意观察是否有生虫和杂质
	3. 在表6—2—3中按要求记录相应的编号和描述词	将评价员分为每组10人，提前进行培训，了解所使用的描述词汇，见表6—2—2，使评价员对每一个描述词语的定义有共同的认识
气味评价		
方法一：哈气法		
	1. 取少量样品于手掌上	
	2. 用口向其哈一口热气	哈气时不要太用力，防止米被吹散

续表

配图	操作方法	注意事项
	3. 立即嗅其气味	在表 6—2—4 中按要求记录相应的编号和描述词
方法二：加热法		
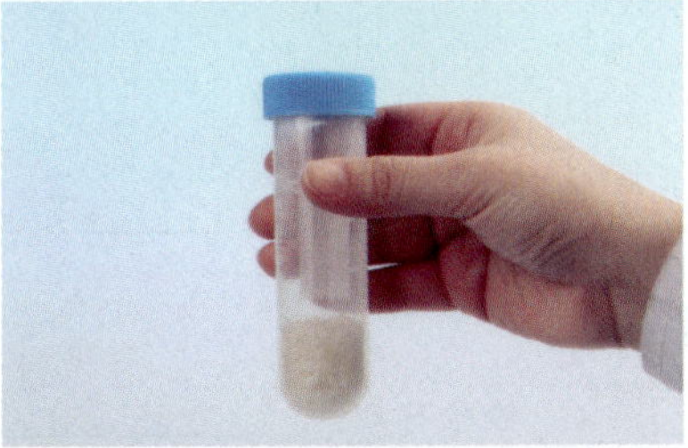	1. 将样品放入 50 mL 试管内，旋紧试管盖子	
	2. 将试管放入盛有 60 ~ 70℃温水的烧杯中，保温 5 ~ 7 min，取出	
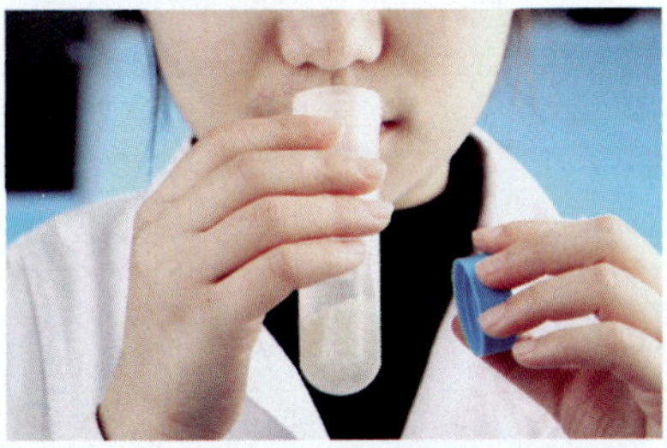	3. 取出试管，开盖嗅其气味	在表 6—2—4 中按要求记录相应的编号和描述词
滋味评价		
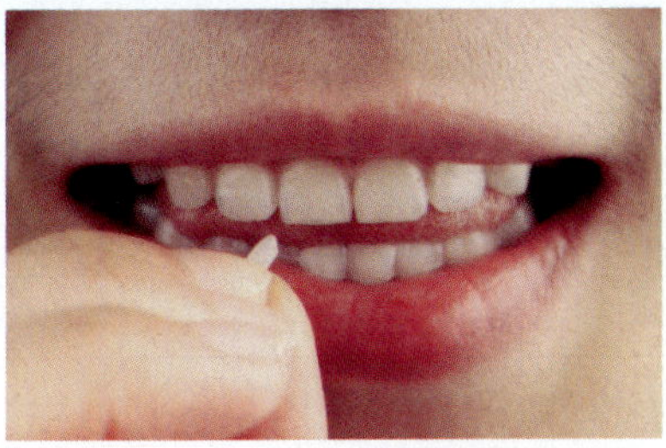	取少量样品进行细嚼	1. 也可磨碎后再品尝 2. 在表 6—2—5 中按要求记录相应的编号和描述词 3. 如遇可疑情况，可将样品加水煮沸后再品尝

表 6—2—3　　色泽和外观评价结果判断表

样品名称：＿＿＿＿＿　评价员姓名：＿＿＿＿＿　检验日期：＿＿＿＿＿

编号		1	2	3
样品号 / 描述词汇 / 项目				
色泽	颜色			
	透明度			
	光泽			
外观	粒型			
	腹白			
说明：请将规定的描述词汇中符合样品特征的词汇填写在表格中				

表 6—2—4　　气味评价结果判断表

样品名称：＿＿＿＿＿　评价员姓名：＿＿＿＿＿　检验日期：＿＿＿＿＿

编号	1	2	3
样品号 / 描述词汇 / 项目			
气味			
说明：请将规定的描述词汇中符合样品特征的词汇填写在表格中			

表 6—2—5　　滋味评价结果判断表

样品名称：＿＿＿＿＿　评价员姓名：＿＿＿＿＿　检验日期：＿＿＿＿＿

编号		1	2	3
样品号 / 描述词汇 / 项目				
滋味	甜度			
	口感			
说明：请将规定的描述词汇中符合样品特征的词汇填写在表格中				

【考核评价】

素质	内容 学习目标	评价项目	评价		
			个人评价30%	小组评价30%	教师评价40%
知识（20分）	应知	1. 知道大米的感官评价指标 2. 掌握描述性检验法的完整步骤 3. 了解其他粮食的感官评价标准			
专业能力（60分）	准备工作（10分）	1. 仪器、样品符合操作标准 2. 能用随机数编号，能正确选定呈送顺序 3. 能理解每一个评分点的意义			
	能使用正确的方法对大米的感官指标进行评价（20分）	1. 操作方法、程序正确 2. 能用规范的操作完成判断检验			
	能够使用描述性检验法完成对大米的感官质量判断结果记录（20分）	1. 操作方法、程序正确 2. 能用规范的数据及文字记录实验结果			
	遵守安全、卫生要求（10分）	1. 遵守实验室安全规范 2. 遵守实验室卫生规范			
通用能力（10分）	动作协调能力（5分）	动作灵活、准确，双手配合协调			
	与人合作能力（5分）	与同学互相配合，团结互助			
态度（10分）	认真、细致、勤劳	实验态度认真，操作台干净整洁			
总分					
平均分					

【知识拓展】

其他粮食的感官评价标准

表6—2—6　　其他粮食的感官评价标准

分类 \ 项目		色泽	外观	组织状态	气味	滋味
面粉	优质	呈白色或微黄色，不发暗，无杂质的颜色	—	呈细粉末状，不含杂质，手指捻捏时无粗粒感，无虫子和结块，置于手中紧捏后放开不成团	具有面粉的正常气味，无其他异味	味道可口，淡而微甜，没有发酸、刺喉、发苦、发甜以及外来滋味，咀嚼时没有沙声

续表

分类		色泽	外观	组织状态	气味	滋味
面粉	次质	色泽暗淡	—	手捏时有粗粒感，有生虫或有杂质	微有异味	淡而乏味，微有异味，咀嚼时有沙声
面粉	劣质	呈灰白色或深黄色	—	面粉吸潮后有霉变，有结块或手捏成团	有霉臭味、酸味、煤油味以及其他异味	有苦味、酸味、发甜或其他异味，有刺喉感
玉米	优质	具有各种玉米的正常颜色，色泽鲜艳，有光泽	颗粒饱满完整，均匀一致，质地紧密，无杂质	—	具有玉米固有的气味，无任何其他异味	具有玉米的固有滋味，微甜
玉米	次质	颜色发暗，无光泽	颗粒饱满度差，有破损粒、生芽粒、虫蚀粒、未熟粒等，有杂质	—	微有异味	微有异味
玉米	劣质	颜色灰暗无光泽，胚部有黄色或绿色、黑色的菌丝	有大量生芽粒，虫蚀粒，或发霉变质、质地疏松	—	有霉味、腐败变质味或其他不良气味	有酸味、苦味、辛辣味等不良滋味

【思考与练习】

1. 请简述新大米与陈大米的不同主要体现在哪些方面，具有何种特征。

2. 从市场采集三种不同品牌的面粉，请根据面粉的感官评价标准（见表6—2—6），采用描述性检验法鉴别三种不同品牌面粉的感官质量。

任务 3　饼干的感官检验

【学习目标】

1. 了解饼干及其他米面制品的感官评价标准。
2. 掌握排序检验法的使用方法及要点。
3. 能看懂并填写排序检验法的问答表。
4. 能使用排序检验法完成对饼干的感官质量判断。
5. 小组协作执行工作方案，完成对方便面的感官检验。

【任务引入】

某食品监测部门要对市场上具有代表性的三种不同品牌的酥性饼干进行消费者的可接受性调查，以便了解这三种不同品牌的酥性饼干在感官品质上区别，请对这三种酥性饼干的感官品质进行判断。

【任务分析】

依据GB/T 20980—2007，判断饼干的感官质量，主要从入口酥化程度、甜脆性、香气、综合口感外形以及颜色六个方面进行评价，本任务是针对消费者进行可接受性调查，所以选择使用排序检验法。一旦遇到不合格的情况，应及时警示生产企业调整产品生产工艺或暂停其生产。

【相关知识】

一、排序检验法

比较多个样品，按照其某项品质程度（例如，某特性的强度或嗜好程度等）的大小进行排序的方法，称为排序检验法。

1. 应用领域

（1）可用于进行消费者的可接受性调查。

（2）确定由于不同原料、加工、处理、包装和储藏等环节造成的产品感官特殊性差异。

（3）评价员的选择与培训。

（4）做进一步精细感官分析的基础工作。

（5）当评价少量样品（6 个以下）的复杂特性（如质量和风味）或多数样品（20 个以上）的外观时，此法迅速有效。

2. 实验步骤

将比较的多个样品，按指定特性要求评价员由强度或嗜好程度排出一系列样品的次序。

3. 技术要点

（1）检验前，应由组织者对检验提出具体的规定，对被评价的指标和准则要有一致的理解，如对哪些特性进行排列。

（2）参加实验的人数不得少于 8 人，如果参加人数在 16 人以上，会得到明显区分效果。根据实验目的，检验人员要有区分样品指标之间细微差别的能力。

（3）一般不超过 8 个样品，排列的顺序是从强到弱还是从弱到强、检验操作要求如何、评价气味时需不需要摇晃等都应根据具体情况进行确定。

（4）排序检验只能按一种特性进行，如要求对不同的特性排序，则按不同的特性安排不同的顺序。

（5）在检验中，每个评价员以事先确定的顺序检验编码的样品，并安排出一个初步顺序，然后进一步整理调整，最后确定整个系列的强弱顺序，如果实在无法区别两种样品，则应在问答表中用“=”连接两种样品的编码。

（6）进行感官刺激的评价时，可以让评价员在不同的评价之间使用水、淡茶或无味面包等以恢复原感觉能力。

（7）评价应在限定时间内完成。

二、问答表的内容与形式

1. 问答表的内容

（1）评价的指标和准则，如对哪些特性进行比较。

（2）评价的特性数目，如是对产品的一种特性进行排序，还是对一种产品的多种特性进行比较。

（3）评价的排列顺序，如是从强到弱还是从弱到强。

2. 问答表的形式

问答表的形式主要有两类，一类是单一检验员对多个样品的单一特性进行评价所使用的问答表，见表6—3—1；另一类是多个检验员对多个样品的单一特性进行评价所使用的问答表，见表6—3—2。

例1 对样品的甜度进行排序检验的问答表设计实例。

表6—3—1 排序检验法问答表一般形式示例

姓名：______ 日期：______ 产品：______
实验指令：品尝样品后，请根据您所感受的甜度，把样品号码填入适当的空格中（每格中必须填一个号码）
甜味最强：______ 甜味最弱：______

例2 多个检验员对A、B、C、D四种样品的甜味特性进行排序检验的问答表设计实例。

表6—3—2 排序检验法问答表一般形式

排序检验法 姓名：______ 日期：______				
实验指令： （1）从左到右一起品尝样品A、B、C、D （2）品尝之后，就指定的特性方面进行排序				
实验结果				
次序 / 样品 / 检验员	1	2	3	4
1				
2				
3				
4				
5				
6				

三、饼干的感官特征

根据投料和制作方法的差异，可以将饼干分为甜饼干、苏打饼干、华夫饼干、夹心饼干、挤压饼干、薄馅饼干和压缩饼干7大类。表6—3—3按照其质地情况归纳为酥性饼干、韧性饼干和苏打饼干，并给出了它们的感官特征。

表 6—3—7　　颜色检验记录表

样品名称：＿＿＿＿　检验员：＿＿＿＿　检验日期：＿＿＿＿			
检验内容： （1）从左到右仔细观察您面前的 3 个饼干样品 （2）观察之后，请根据它们的颜色感官指标对它们进行排序，最好的排在左边第一位，依次类推，最差的排在右边第一位，将样品编号填入对应的横线上			
样品排序	（最好）1	2	3（最差）
样品编号	＿＿＿＿	＿＿＿＿	＿＿＿＿

表 6—3—8　　脆度检验记录表

样品名称：＿＿＿＿　检验员：＿＿＿＿　检验日期：＿＿＿＿			
检验内容： （1）从左到右仔细观察您面前的 3 个饼干样品 （2）观察之后，请根据它们的脆度感官指标对它们进行排序，最好的排在左边第一位，依次类推，最差的排在右边第一位，将样品编号填入对应的横线上			
样品排序	（最好）1	2	3（最差）
样品编号	＿＿＿＿	＿＿＿＿	＿＿＿＿

表 6—3—9　　组织结构检验记录表

样品名称：＿＿＿＿　检验员：＿＿＿＿　检验日期：＿＿＿＿			
检验内容： （1）从左到右仔细观察您面前的 3 个饼干样品 （2）观察之后，请根据它们的组织结构感官指标对它们进行排序，最好的排在左边第一位，依次类推，最差的排在右边第一位，将样品编号填入对应的横线上			
样品排序	（最好）1	2	3（最差）
样品编号	＿＿＿＿	＿＿＿＿	＿＿＿＿

表 6—3—10　　酥化程度检验记录表

样品名称：＿＿＿＿　检验员：＿＿＿＿　检验日期：＿＿＿＿			
检验内容： （1）从左到右仔细观察您面前的 3 个饼干样品 （2）观察之后，请根据它们的入口酥化程度感官指标对它们进行排序，最好的排在左边第一位，依次类推，最差的排在右边第一位，将样品编号填入对应的横线上			
样品排序	（最好）1	2	3（最差）
样品编号	＿＿＿＿	＿＿＿＿	＿＿＿＿

表 6—3—11　　甜度检验记录表

<table>
<tr><td colspan="4">样品名称：________　检验员：________　检验日期：____________</td></tr>
<tr><td colspan="4">检验内容：
（1）从左到右仔细观察您面前的 3 个饼干样品
（2）观察之后，请根据它们的甜度感官指标对它们进行排序，最好的排在左边第一位，依次类推，最差的排在右边第一位，将样品编号填入对应的横线上</td></tr>
<tr><td>样品排序</td><td>（最好）1</td><td>2</td><td>3（最差）</td></tr>
<tr><td>样品编号</td><td>______</td><td>______</td><td>______</td></tr>
</table>

【考核评价】

<table>
<tr><td rowspan="2">素质</td><td>内容</td><td rowspan="2">评价项目</td><td colspan="3">评价</td></tr>
<tr><td>学习目标</td><td>个人评价 30%</td><td>小组评价 30%</td><td>教师评价 40%</td></tr>
<tr><td>知识（20 分）</td><td>应知应会</td><td>1. 知道排序检验法的概念
2. 了解饼干及其他米面制品的感官评价标准
3. 掌握排序检验法的基本步骤
4. 掌握排序检验法的技术要点</td><td></td><td></td><td></td></tr>
<tr><td rowspan="4">专业能力（60 分）</td><td>准备工作（10 分）</td><td>1. 仪器、样品符合操作标准
2. 能用随机数编号，能正确选定呈送顺序</td><td></td><td></td><td></td></tr>
<tr><td>能使用正确的方法对饼干的感官指标进行评价（20 分）</td><td>1. 操作方法、程序正确
2. 能用规范的操作完成判断检验</td><td></td><td></td><td></td></tr>
<tr><td>能够使用排序检验法完成对饼干的感官质量判断结果记录（20 分）</td><td>1. 操作方法、程序正确
2. 能用规范的数据及文字记录实验结果</td><td></td><td></td><td></td></tr>
<tr><td>遵守安全、卫生要求（10 分）</td><td>1. 遵守实验室安全规范
2. 遵守实验室卫生规范</td><td></td><td></td><td></td></tr>
<tr><td rowspan="2">通用能力（10 分）</td><td>动作协调能力（5 分）</td><td>动作灵活、准确，双手配合协调</td><td></td><td></td><td></td></tr>
<tr><td>与人合作能力（5 分）</td><td>与同学互相配合，团结互助</td><td></td><td></td><td></td></tr>
<tr><td>态度（10 分）</td><td>认真、细致、勤劳</td><td>实验态度认真，实验操作规范，数据真实可信</td><td></td><td></td><td></td></tr>
<tr><td colspan="3">总分</td><td></td><td></td><td></td></tr>
<tr><td colspan="3">平均分</td><td colspan="3"></td></tr>
</table>

【知识拓展】

其他米面制品的感官评价标准见表6—3—12。

表6—3—12　　其他米面制品的感官评价标准

分类＼项目	色泽	气味和滋味	形状	烹调性	组织结构
米粉	洁白如玉，有光亮和透明度的质量最好；无光泽，色浅白的米粉质量差	质量好的米粉无霉味，无酸味，无异味，具有米粉本身的新鲜味；反之，质量差。如果有霉味和酸败味重，则不得食用	—	质量好的米粉煮熟后不糊汤、不粘条、不断条，这种米粉吃起来有韧性，清香爽口，色、香、味、形俱佳；反之，质量差	质量好的米粉组织纯洁，质地干燥，片形均匀、平直、松散，无结块，无并条；反之，质量差
面筋	质量好的面筋呈白色，稍带灰色；反之，面筋的质量就差	新鲜面粉加工出的面筋具有轻微的面粉香味。而有虫害、含杂质多以及陈旧的面粉加工出的面筋，则带有不良气味	—	—	正常的面筋有弹性，变形后可以复原，不粘手，拉伸时具有很大的延伸性；质量差的面筋无弹性，粘手，容易散碎，拉伸性小，易拉断
挂面	质量好的挂面色泽洁白，稍带淡黄；如果面条颜色变深，或呈褐色，则说明已变质	质量好的挂面，无霉味、酸味及其他异味，花色挂面应具有添加辅料的特殊气味	又称为不整齐度，面条的不整齐度应低于15%，其中自然断条率不超过10%的为上乘面条	质量好的挂面，煮熟后不糊、不混汤、口感不粘、不牙碜、柔软爽口。如果挂面不耐煮，没有嚼劲，说明湿面筋含量太少；如果面条口感太硬，说明湿面筋含量太高	—
方便面	呈均匀的乳白色或淡黄色，无焦、生现象，允许正反两面略有深浅差别	滋味和气味正常，无霉味、哈喇味及其他异味	外观整齐，花纹均匀	面条复水后明显断条、并条，口感不夹生、不粘牙	无可见杂质

【思考与练习】

1. 要对市场上具有代表性的 4 种不同品牌、相同口味的方便面进行消费者的可接受性调查，以便了解这 4 种不同品牌、相同口味的方便面在感官品质上的区别，并判断其优劣。请分小组设计检验步骤和记录表。

2. 请根据第 1 题中设计的检验步骤和记录表，完成对 4 种不同品牌的切片吐司面包的感官品质鉴别工作。

项目七

烘焙食品的感官检验

【先导知识】

一、烘焙食品的概念

烘焙食品是以面粉、酵母、食盐、砂糖和水为基本原料，添加适量油脂、乳品、鸡蛋、添加剂等，经一系列复杂的工艺手段烘焙而成的方便食品。它不但具有丰富的营养，而且品类繁多，形色俱佳，应时适口，可以在饭前或饭后作为茶点品味，又能作为主食。

近年来，随着各种科技水平的发展，烘焙食品变成人们生活所必需的食品。凭着具有较高的营养价值，应时适口，无论是面包还是蛋糕在品种上都是丰富多彩，不断推陈出新，越来越为人们所喜爱。

二、烘焙食品的主要品种

烘焙食品是一种非常广泛的食品门类，按照其地域性、原材料、生产工艺及口味的不同，基本可以分为面包类、蛋糕类、中点类、饼干类和其他类。

1. 面包类

面包是以小麦粉、酵母、食盐、水为主要原料，加入适量辅料，经搅拌面团、发酵、整形、醒发、烘烤或油炸等工艺制成的多孔的食品，以及烤制成熟前或后在面包坯表面或内部添加奶油、人造黄油、蛋白、可可、果酱等的制品。

面包按其制作方法和口味特点可分为软式面包、硬式面包、起酥面包、调理面包及其他面包。

2. 蛋糕类

蛋糕是一种古老的西点，一般是由烤箱制作的，蛋糕是用鸡蛋、白糖、小麦粉为主要原料，以牛奶、果汁、奶粉、香精、色拉油、水，起酥油、泡打粉为辅料，经过搅拌、调制、烘烤后制成一种像海绵的点心。

依使用原料与搅拌方法的不同可分为面糊类、乳沫类、戚风蛋糕三大类。

（1）面糊类蛋糕。它是利用油糖打发起泡的原理制作生产的蛋糕品种，其配方中含有超过30%的固体油脂，另外还包括糖、鸡蛋、面粉等。产品有奶油蛋糕、磅蛋糕、大理石蛋糕等。口感较浓厚，冷藏时质地明显变得很硬，适合较长时间的保存。

（2）乳沫类蛋糕。它是利用打入鸡蛋或蛋白中所形成的泡沫，使蛋糕膨大、松软而制成的蛋糕品种。配方中只包括鸡蛋、面粉、糖、盐等。一般不使用固体油脂。产品有天使蛋糕、海绵蛋糕、蜂蜜蛋糕等。乳沫类蛋糕口感相对松软清淡。

（3）戚风蛋糕。戚风蛋糕质地非常轻，用液态油、鸡蛋、糖、面粉、发粉为基本材料，通过分蛋打发而制成。戚风蛋糕靠把鸡蛋清打成泡沫状，来提供足够的空气以支撑蛋糕的体积。戚风蛋糕组织松软、水分充足、口味清爽。产品有鲜奶油戚风蛋糕。不得不提的是，由于戚风蛋糕松软而清淡的口感深得市场的青睐，现在是最常见的一个蛋糕品种。

3. 中点类

中式点心品种繁多，常见的有月饼、西饼、糕皮类、酥皮类等。

（1）月饼：中国人过中秋节常吃的点心，常见的可分为广式、苏式、潮式、台式等。

（2）喜饼：结婚喜庆才用的台式礼饼，又称为大饼或肉饼。还有一面有龙凤图形的喜饼。

（3）糕皮类：以油酥面皮包馅制成的点心。产品有凤梨酥等。

（4）酥皮类：以层酥面皮包馅制成的点心，外皮具有明显的层次。产品有蛋黄酥、绿豆饼、太阳饼、咖哩饺、烧饼等。

4. 饼干类

饼干是以小麦粉（可添加糯米粉、淀粉等）为主要原料，加入（或不加入）糖、油脂及其他原料，经调粉（或调浆）、成形、烘烤等工艺制成的口感酥松或松脆的食品。饼干类也属于粮油食品，它的感官检验已在项目六中介绍过。

根据配方和生产工艺的不同，饼干可分为韧性饼干和酥性饼干两大类。

（1）韧性饼干：韧性饼干的特点是印模造型多为凹花，表面有针眼，制品表面平整光滑，断面结构有层次，口嚼时有松脆感，耐嚼，松脆为其特色。

（2）酥性饼干：酥性饼干的糖和油脂的配比韧性饼干高，特点是印模造型多为凸花，花纹明显，结构细密，口感更酥。

5. 其他类

其他类是指面包、蛋糕之外的西式烘焙产品，常用于餐后或酒会点心。依其特性常见的有派、塔、松饼、泡芙、比萨饼等。

（1）派。派，是英语 pie 的音译，即饼的意思。派起源于欧洲，现在是一种典型的美国食物，最有名的莫过于苹果派。派皮酥脆，外形如浅盘状，可使用多种派馅，派馅内容可依个人创意发挥。产品包括布丁派、凤梨派、双派皮、水果派、鸡肉派、苹果派、樱桃派等。

（2）塔。塔与派相似，内馅外露，塔皮口感较酥。产品有水果塔等。

（3）松饼。松饼是一种利用泡打粉或小苏打起发的饼状点心。产品有三角松饼、拿破仑派等。面皮裹油经层叠形成层次，烤焙后体积膨大，口感松脆。

（4）泡芙。泡芙是蓬松中空的奶油面皮中包裹着奶油、巧克力乃至冰淇淋的点心，又称为奶油空心饼。将面糊煮到糊化后，再烤焙膨胀，冷却后填入馅料或作为蛋糕的装饰。产品常见为圆形、指形、天鹅造型，另外也有用油炸的方式成形。

（5）比萨饼。比萨饼又译作披萨饼、匹萨，是一种发源于意大利的食品，在全球颇受欢迎。比萨饼的通常做法是用发酵的圆面饼上面覆盖番茄酱，奶酪和其他配料，并由烤炉烤制而成，需趁热食用。产品可大致分为薄皮、厚皮或称为松软形、硬脆型比萨饼。

除此之外还有酥皮、慕斯、果冻、布丁等。

任务 1　软式面包的感官检验

【学习目标】

1. 熟悉软式面包的感官检验项目及检验方法。
2. 能在教师指导下，以小组协作方式，对软式面包进行感官检验。
3. 了解其他面包的感官评价标准。
4. 能在没有教师指导的情况下查阅相关资料和标准，对调理面包进行感官检验。

【任务引入】

面包（见图 7—1—1）是一种用五谷（一般是麦类）磨粉制作并加热而制成的食品，是一种常见的主食产品。面包按其制作方法和口味特点可分为软式面包、硬式面包、起酥面包、调理面包及其他面包。其中，软式面包是国内市场上最常见同时也是消费量最大的。如何利用感官检验的方法来判断面包，尤其是占市场最大份额的软式面包的品质呢?

图 7—1—1 面包

【任务分析】

食品质量的优劣可以最直接地表现在它的感官性状上，通过感官指标来鉴别食品的优劣，不仅简便易行，而且灵敏度高，直观而实用。根据国家标准 GB/T 20981—2007《面包》对面包制品的感官的要求，感官鉴别面包制品的质量主要评价指标主要包括外表形态、表面色泽、组织、滋味与口感、杂质五项。在检测过程中，需要充分利用视觉、嗅觉、味觉、手指和口腔的触觉判断面包产品的各项评价指标。

【相关知识】

一、面包的分类

面包按其制作方法和口味特点可分为软式面包、硬式面包、起酥面包、调理面包及其他面包。

软式面包是一种内部具有均匀气孔，口感松软的面包，面质部分利用面粉、水、糖、油脂、酵母、食盐等配料制成。烘烤成熟后，表面呈金黄色或棕红色，方便加入各种馅料和做成各种形状，是市场上最常见同时也是消费量最大的面包。面包除软式面包外，还包括硬式面包、起酥面包、调理面包等其他重要品种。

硬式面包表皮硬脆、有裂纹，内部组织柔软。其原料简单，只有面粉、水、食盐和酵母，发酵一般采用二次发酵，烘烤时，采用高温喷蒸汽烘烤，既保证了表皮烘烤的程度同时增加了其内部的保水，形成了其外皮酥脆内部绵软的独特口感，硬式面包是公认的健康面包。

起酥面包就是用起酥面团搭配普通面团，搭配面包辅料做出的成品面包，由于酥油和黄油成分非常高，香味和酥松的口感较软式类等其他种类面包更胜一筹，通常大家更喜欢称呼起酥面包为丹麦面包。

调理面包是指烤制成熟前或后在面包坯表面或内部添加奶油、人造黄油、蛋白、可可、果酱等的面包。调理面包是运用甜面包或白吐司面包的配方面团制成的，经最后发酵后、烘烤前，在面团表面添加各种调制好的料理，然后进炉烘烤成熟。调理面包最大的特色是涵盖了国人特有的口味和品尝价值，它享有色、香、味俱全的美誉，尤其是趁热食用的味道最佳，能够融入地方饮食学的习惯和搭配，比较符合国人的饮食习惯。一款好的调理面包除了具有一般面包所应有的组织柔软细腻的特点外，还应该特别表现出面包和调理色、香、味俱全的特点。

二、面包的保质期

面包的保质期一般不长。市场上常见的面包的保质期短则几小时，长则一周左右。不得不提的是，随着食品生产加工技术的进步，有些经过特殊加工的面包产品保质期可以长达一个月甚至一年。

面包的保质期受原材料、制作工艺、包装和运输方式的影响，一般情况下，最主要的决定因素是原材料。

最基础的面包是以面粉为原料，加入盐、水和酵母，经发酵烘烤而成的，如法棍面包，这种面包原料简单，保质期一般相对较长，为了避免面包中淀粉成分老化，面包一般要求在室温下保存，不能冷藏，所以没有经过特殊防腐处理的面包保质期最长不超过一周。

当然，还有很多面包除了面粉、盐、水和酵母外还在原料中加入了较多的糖、油、蛋奶、果料等。这些面包营养丰富又多用新鲜材料，尤其是加入各种肉制品，因而其保质期相对会缩短，如加入新鲜金枪鱼罐头的调理面包，其成品的保质期只有四个小时左右。

三、软式面包品质的感官标准及常见问题

1. 软式面包品质感官评价标准

根据国标 GB/T 20981—2007《面包》对软式面包的质量要求，软式面包的感官检验分为五个项目，即形态、表面色泽、组织结构、滋味与口感、杂质，见表 7—1—1。

表 7—1—1　　软式面包感官评价标准表

项目	标准
形态	完整，丰满，无黑泡或明显焦斑，形状与品种造型相符

续表

项目	标准
表面色泽	金黄色、浅棕色或棕灰色，色泽均匀、正常
组织结构	细腻，有弹性，气孔均匀，纹理清晰，呈海绵状，切片后不断裂
滋味与口感	具有发酵和烘烤后的面包香味，松软适口，无异味
杂质	正常视力无可见的外来异物

2. 软式面包感官检验中的常见问题

在软式面包的制作过程中，其选料、调粉、成型、烘烤、冷却、包装及储藏等各个步骤都会影响软式面包的最终感官指标。

（1）形态，即面包产品的外形状态。软式面包经常出现的感官问题包括外形不完整、不对称，中间塌陷，个体过大或过小，表面有褶皱，有黑泡或焦斑等。

（2）表面色泽，即面包外表面所呈现的颜色。由于制作不当，软式面包经常出现的问题包括外表颜色过浅或过深，色泽深浅不均，有明显的黑斑或白斑，底部颜色过深等。

（3）组织结构，即面包内部由醒发所形成的多孔结构的状态。软式面包常出现的感官问题包括内部组织粗糙、不均匀，气孔大，空洞多，回弹性差等。

（4）滋味与口感，即通过闻味、品尝所带来的感受。软式面包经常出现的问题包括滋味发酸或有陈腐气味，口感发硬或粘牙。

（5）杂质，即面包在制作过程中所带入的外来异物，经常出现的杂质有包装脱落物、小石子、铁屑、小虫子等。

【任务实施】

检验步骤

配图	实验步骤	注意事项
	1. 将面包样品置于洁净干燥的白色瓷盘上	注意保持样品的完整性，以免对后续检验产生影响

续表

配图	实验步骤	注意事项
形态检验		
	2. 观察面包大小	同一种产品相同重量的面包，应该大小一致
	3. 观察面包形态是否均匀、表面是否鼓凸	正常的软式面包应该形态端正对称，中部略高，中间塌陷、过平、开裂
	4. 观察是否有起泡	
表面色泽检验		
	5. 观察面包样品表面颜色及光泽	软式面包表面呈金黄色或棕黄色，有光泽，各部分颜色均匀，没有黑斑和白点
	6. 观察面包样品底面颜色	底部呈金黄色或棕黄色，干净，没有黑斑和白点

续表

配图	实验步骤	注意事项
组织结构检验		
	7. 用洁净、无异味的刀具将面包样品按照四分法，分割成四份	尽量少地破坏样品内部组织 每份样品中必须包括面包的所有组成部分
	8. 观察面包样品切面气孔是否均匀细密，颜色是否光洁正常	
	9. 用拇指与食指轻捏面包样品，感受其质地、纹理、回弹性、组织状态等	
滋味与口感检验		
	10. 将面包样品拿起靠近鼻子，闻其气味	应有面包正常的香味，无酸味或陈腐气味
	11. 取一小块面包样品，放入口中缓慢咀嚼，尝面包的滋味是否正常，是否有异味，是否粘牙	品尝样品时，取样应包括面包表皮及内部成分

续表

配图	实验步骤	注意事项
杂质指标检验		
	12. 观察并用手指按压面包样品，判断其中有无外来异物	
填写记录表		
	13. 将观察判断结果填写在表7—1—2中	填写应真实、准确、详细

表7—1—2 产品感官检验报告

产品名称			生产日期	
标注净含量			抽样日期	
执行标准		《面包》（GB/T 20981—2007）	抽样基数	
检验项目		标准要求	实测结果	判定
感官	形态	见《面包》（GB/T 20981—2007）		
	表面色泽	见《面包》（GB/T 20981—2007）		
	组织	见《面包》（GB/T 20981—2007）		
	滋味与口感	见《面包》（GB/T 20981—2007）		
	杂质	见《面包》（GB/T 20981—2007）		

【考核评价】

素质	内容		评价		
	学习目标	评价项目	个人评价 30%	小组评价 30%	教师评价 40%
知识（20分）	应知	1. 熟悉评分检验法的概念 2. 了解评分检验法的基本步骤 3. 掌握评分检验法的要点 4. 了解面包的感官评价标准			
专业能力（60分）	准备工作（10分）	1. 仪器、样品符合操作标准 2. 能用随机数编号，能正确选定呈送顺序 3. 能理解每一个评分点的意义			
	能使用正确的方法对面包的感官指标进行评价（20分）	1. 操作方法、程序正确 2. 能用规范的操作完成判断检验			
	能够使用评分检验法完成对面包的感官质量判断结果记录（20分）	1. 操作方法、程序正确 2. 能用规范的数据及文字记录实验结果			
	遵守安全、卫生要求（10分）	1. 遵守实验室安全规范 2. 遵守实验室卫生规范			
通用能力（10分）	动作协调能力（5分）	动作灵活、准确，双手配合协调			
	与人合作能力（5分）	与同学互相配合，团结互助			
态度（10分）	认真、细致、勤劳	1. 实验过程认真、细致 2. 实验操作主动 3. 产品评价公正、真实			
总分					
平均分					

【思考与练习】

1. 对一批调理面包进行感官检验，确定其感官品质并判断优劣。请分小组设计检验步骤和记录表。

2. 请根据第1题中设计的检验步骤和记录表，完成对调理面包样品的感官品质鉴别工作。

【知识拓展】

根据国家标准 GB/T 20981—2007《面包》，可得到硬式面包、起酥面包、调理面包感官标准表（见表 7—1—3），以便于对其他种类的面包进行感官检验。

表 7—1—3　　硬式面包、起酥面包、调理面包感官标准

项目	硬式面包	起酥面包	调理面包
形态	表皮有裂口，完整，丰满，无黑泡或明显焦斑，形状应与品种造型相符	丰满，多层，无黑泡或明显焦斑，光洁，形状应与品种造型相符	完整，丰满，无黑泡或明显焦斑，形状应与品种造型相符
表面色泽	金黄色、浅棕色或棕灰色，色泽均匀、正常		
组织	紧密，有弹性	有弹性，多孔，纹理清晰，层次分明	细腻，有弹性，气孔均匀，纹理清晰，呈海绵状
滋味与口感	耐咀嚼，无异味	表皮酥脆，内质松软，口感酥香，无异味	具有该品种应有的滋味与口感，无异味
杂质	正常视力无可见的外来异物		

任务 2　广式月饼的感官检验

【学习目标】

1. 熟悉广式月饼的感官检验项目及检验方法。
2. 能在教师指导下，以小组协作方式，对广式月饼进行感官检验。
3. 了解其他品种月饼的感官评价标准。
4. 能在没有教师指导的情况下查阅相关资料和标准，对苏式月饼进行感官检验。

【任务引入】

我国月饼品种繁多，按产地分有京式、广式、苏式等，还有不同口味和馅心，例如有五仁、豆沙、冰糖、芝麻、火腿月饼等。其中广式月饼皮薄松软、色泽金黄、造型美观、图案精致，是人们在中秋节送礼的佳品，也是人们在中秋之夜吃饼赏月不可缺少的佳品。但同时，广式月饼也是一种销售价格较高、利润空间巨大的食品，在商家追逐巨额利润的同时，月饼也成了食品安全问题的重灾区，近年来，每到中秋前后关于广式月饼的质量问题总是不绝于耳。作为一名专业食品检验人员，如何利用感官检验的方法来初步判断广式月饼质量的优劣呢？

【任务分析】

根据国标 GB 19855—2005《月饼》，广式月饼的感官指标包括形态、色泽、组织、滋味与口感、杂质五项。在月饼生产的调制饼皮、整形、烘烤的过程控制中，后期产品包装、运输中，许多因素都会影响到月饼产品的感官指标。评分检验法是经常使用的一种感官评价方法，由专业的评分员用一定的尺度进行评分，常用于食品感官的分级定性检验。本任务采用这种检验方法。

【相关知识】

一、广式月饼的保存

1. 广式月饼的变质原因

月饼是我国中秋佳节的传统食品，我国月饼品种繁多，所含成分差异很大。尽管各类月饼的成分差异很大，导致它们变质的原因十分相近，主要是月饼中的微生物超标以及油脂氧化（俗称“哈喇”）两种。

（1）微生物超标。尽管月饼生产中有高温烘烤这一道工序，而且通过高温烘烤可大量消灭月饼中的微生物并使月饼达到基本无菌状态。但烘烤之后，月饼在冷却、包装、储存等过程中会受到来自操作环境、加工设备、操作人员以及包装材料中所带微生物的二次污染。如不采取相应的措施，微生物在适应的温湿度环境中会依靠月饼中的丰富养分大量繁殖致使月饼发霉变质。有文献指出，微生物在常温下可快速繁殖，而在高温下繁殖会受到抑制；而包装内的氧气含量以及相对湿度都会对微生物的生长带来明显影响。

（2）油脂氧化。由于月饼中含有较多的植物油脂，油脂中的不饱和脂肪酸可被氧气氧化，从而导致月饼变质。温度、光照和放射线辐照、含水量、氧气浓度、暴露面积等都是引起月饼油脂氧化的主要因素。温度升高，油脂氧化的速度会加快；当月饼中水分含量较高或特别干燥时也会加快氧化速度；而月饼暴露面积的大小以及包装内氧气浓度的高低是影响油脂氧化速度的主要因素。

2. 广式月饼的保存方式与保质期

广式月饼的饼馅一般分为软硬两种。软馅月饼中含水分较多，只能保存 7 到 10 天，而硬馅月饼则可保存一个月左右。

广式月饼是应时食品，最宜现产、现销和现买、现吃，不宜放太久，这样才能保持月饼的色、香、味和应有的特殊风味。那么，应怎样保存月饼呢？

广式月饼含有丰富的油脂和糖分，受热受潮都极易发霉、变质，所以一定要将月饼存放在低温、阴凉、通风的地方。一般来说，广式月饼皮软、水分大、易变质，最好将广式月饼连带包装盒一起放入冰箱冷藏室，食前一小时取出，可保证它的口味。在25℃的气温环境下，杏仁、百果等馅心月饼可存放15天左右；豆沙、莲蓉、枣泥等馅心月饼，存放时间则不宜超过10天；如果气温超过30℃，月饼存放的时间还应该适当缩短，一般不宜超过7天；至于鲜肉、鸡丝、火腿等月饼，应随买随吃。

月饼存放时，不宜与其他食品、杂物放在一起，以免串味，失去应有的口味和特色。存放期间还要注意防止蟑螂、蚂蚁、老鼠等侵食，以防疾病传染。为保证月饼的质量新鲜，购买盒装月饼或散装月饼时，均应看清生产日期或出厂日期，以便掌握保存期。

二、广式月饼的包装

1. 包装与抑菌

尽可能减少月饼中的微生物，目前国内月饼包装主要是通过在月饼包装物内添加抑制或杀灭月饼及包装物和环境中的微生物为主的抗菌、抑菌剂。

2. 包装与抗氧化

尽量减少包装内的氧气含量，一方面是在包装内封入脱氧剂以有效去除包装过程中残留在包装内的微量氧气，另一方面是采用具有优异的隔氧性能的阻隔性包装材料（如铝箔、PVDC、K膜等以及由它们制成的复合薄膜）并与真空或充氮包装结合使用。

3. 包装材料与阻湿

尽量采用高阻湿性材料进行包装，以减少环境湿度较高时对月饼质量的影响。有文献指出，当月饼的含水量大于24%时，其微生物污染菌种主要是细菌和酵母，然而细菌多为厌氧菌，酵母为兼气菌，因此脱氧剂对它们无效，所以其保质期与脱氧剂的规格以及吸氧量的大小无关；而含水量在18%～20%时微生物污染菌种以霉菌为主，霉菌为需氧菌，使用脱氧剂能有效抑制其生长，因此月饼可以获得较长的保存期。可见，对于月饼包装而言，必须控制包装材料的阻湿性，否则由月饼除氧所获得的保质效果并不理想。

4. 包装温度

所谓热包装是指月饼出炉后，稍加冷却，趁月饼未冷透，立即转入包装程序。这样做的好处是，缩短月饼冷却时间，减少污染机会，加快广式月饼回软。但是，对于要求饼皮松酥的苏式月饼、宁式月饼、扬式月饼、滇式月饼等，不宜热包装，否则将影响产品口感。

（1）确认烘烤中心温度。烘烤是使月饼成熟的必要措施，也是使霉菌失活的必要手段。确认广式月饼中心温度达到85℃，代表已成熟，饼内细菌基本杀灭。不同类型的月饼中心温度要求不同。一般来说，月饼中心温度低于 80℃，月饼不熟；月饼中心温度过高，月饼容易坍塌、爆裂、变形。

（2）控制包装温度。月饼应冷却后包装。热包装，水气蓄积包装内，月饼容易霉变。随着生产技术条件的改变，近几年来，不少生产广式月饼的大企业在控制好产品“水活度”的前提下，采用热包装技术，效果也很好。

三、广式月饼品质问题描述的常见术语

在广式月饼的品质描述中，有许多常用的专业术语，它们代表了一些广式月饼生产中的一些特有的品质问题，下面简单介绍一下。

1. 塌斜：指月饼高低不平整，不周正的现象。
2. 摊塌：指月饼面小底大的变形现象。
3. 凹缩：指月饼饼面和侧面凹陷的现象。
4. 跑糖：指月饼馅心中糖融化渗透至饼皮，造成饼皮破损并形成糖疙瘩的现象。
5. 青墙：指月饼未烤透而产生的腰部呈青色的现象。
6. 拔腰：指月饼烘烤过度而产生的腰部过分凸出的变形现象。
7. 外皮内陷：指月饼外皮凹陷至馅料中的现象。

四、广式月饼品质的感官检测标准和常见问题

感官鉴别广式月饼的品质，主要评价指标主要包括外观和内质两部分。外观部分包括皮色、皮质、外形；而内质部分包括内部组织、滋味与口感、杂质。在检测过程中，要充分利用视觉、嗅觉、味觉、手指和口腔的触觉判断面包产品的品质。

1. 广式月饼的感官评价标准

根据国标《月饼》（GB 19855—2005）对广式月饼感官品质的要求，制定了广式月饼感官评价标准表，见表 7—2—1。

表 7—2—1　　广式月饼感官评价标准表

项目	形态	色泽	组织	气味和滋味	杂质
广式月饼	块形周正圆整，薄厚均匀，花纹清晰无明显凹缩、爆裂、塌斜、摊塌和漏馅现象，无大裂纹，不跑糖，不露馅	表面金黄色，底部红褐色，墙部呈白色至乳白色，火色均匀，墙沟中不泛青，表皮有蛋液光亮	皮酥松，馅柔软，不偏皮不偏馅，无大空洞，不含机械性杂质	甜度适当，皮酥馅软，不发艮，馅料油润细腻而不粘，具有本品种应有的正常味道，无异味	正常视力无可见的外来异物

2. 广式月饼感官检验中的常见问题

广式月饼的原材料选择，生产过程，储存、运输、销售过程都会影响最终的产品感官表现，广式月饼有一些常见的感官问题。

（1）形态。即产品的外形状态，软式面包经常出现的感官问题包括花纹模糊，大小不均，凹缩、爆裂、塌斜、摊塌和漏馅等现象。

（2）色泽。即产品外表面所呈现的颜色，由于制作不当，经常出现的问题包括饼面偏深或泛白，色泽不均匀、不光亮，腰部泛白，底部有白斑或黑斑等。

（3）组织结构。即产品内部的结构的状态，常出现的感官问题包括饼皮厚薄不均匀，外皮内陷，馅料存在僵粒、夹生，馅料不油润，拌和不均匀，带有果仁的馅料果仁过大或过碎等。

（4）气味与滋味。即通过闻味、品尝所带来的感受，常出现的感官问题有饼皮生硬，不具有该品种应有的风味，有异味。

（5）杂质。即产品在制作过程中所带入的外来异物，经常出现的杂质有包装脱落物、小石子、铁屑、小虫子等。

【任务实施】

检验步骤

配图	实验步骤	注意事项
	1. 将月饼样品置于一个干净的白瓷盘上	
形态		
	2. 拿起盛放月饼样品的容器，观察月饼形态，主要包括块形、大小、薄厚	观察是否有大小不均、凹缩、爆裂、塌斜、摊塌和漏馅等现象

续表

配图	实验步骤	注意事项
	3. 观察样品的纹理	观察纹理是否清晰
色泽		
	4. 观察样品表面和墙部色泽	广式月饼表面呈金黄色或棕黄色，有光泽，墙部呈金黄色至乳白色
	5. 观察样品底面颜色	底部呈金黄色或棕黄色，干净，没有黑斑或白点
组织结构		
	6. 用洁净、无异味的刀具将月饼样品从中间切开，平均分为两块，露出馅心，饼皮和馅心的断面组织	观察饼皮厚度是否均匀，有无大的空洞
	7. 进一步切开样品，观察月饼样品的皮和馅料组织，观察馅料的位置	用小刀纵切，进一步观察馅料是否油润，饼皮有无内陷情况

【知识拓展】

根据国家标准 GB 19855—2005《月饼》，编制京式月饼、苏式月饼感官标准表（见表 7—2—3），以便对其他种类的月饼进行感官检验。

表 7—2—3　　京式月饼、苏式月饼感官检验标准

项目	京式月饼	苏式月饼
形态	外形整齐，花纹清晰，无破裂、漏馅、凹缩、塌斜现象，有该品种应有的形态	外形圆整，面底平整，略呈扁鼓形；底部收口居中，无僵缩、露酥、塌斜、跑糖、漏馅现象，无大片碎皮；品名戳记清晰
色泽	表面光润，有该品种应有的色泽且颜色均匀，无杂色	饼面浅黄或浅棕黄，腰部乳黄泛白，饼底棕黄不焦，不沾杂色，无污染现象
组织	皮馅厚薄均匀，无脱壳，无大空隙，无夹生，有该品种应有的组织	1. 蓉沙类　酥层分明，皮馅厚薄均匀，馅软油润，无夹生、僵粒 2. 果仁类　酥层分明，皮馅厚薄均匀，馅松不韧，果仁粒形分明、分布均匀。无夹生、大空隙 3. 肉与肉制品类　酥层分明，皮馅厚薄均匀，肉与肉制品分布均匀，无夹生、大空隙 4. 其他类　酥层分明，皮馅厚薄均匀，无空心，无夹生
滋味与口感	有该品种应有的风味，无异味	酥皮爽口，具有该品种应有的风味，无异味
杂质	正常视力无可见杂质	

【思考与练习】

1. 对一批苏式月饼进行感官检验，确定其感官品质并判断优劣。分小组设计检验步骤和记录表。

2. 请根据第 1 题中设计的检验步骤和记录表，完成对苏式月饼样品的感官品质鉴别工作。

任务 3　裱花蛋糕的感官检验

【学习目标】

1. 熟悉裱花蛋糕的感官检验项目及检验方法。
2. 了解裱花蛋糕的常见感官问题。
3. 能按有关标准对裱花蛋糕进行感官检验。
4. 能查阅相关资料和标准，以小组协作方式，对裱花蛋糕进行感官检验。

【任务引入】

裱花蛋糕（见图 7—3—1）一般是先用蛋糕作为底坯，然后在此底坯上利用蛋白、奶油、水果、巧克力等作为装饰材料装饰出精美的图案。裱花蛋糕底坯多样、装饰材料丰富多样，不但具有精致美观的外表，还具有美妙多样的口味口感及丰富的营养。那么如何用感官检验的方法对裱花蛋糕的品质进行判断呢？

图 7—3—1　裱花蛋糕

【任务分析】

裱花蛋糕除具有精美的外观外，同时也是一种口味口感丰富细腻，营养丰富的食品。在生产、运输、消费的保存过程中容易出现多种问题。根据行业标准《裱花蛋糕》（SB/T 10329—2000）中的要求，裱花蛋糕的感官检验主要评价指标包括外色泽、形态、组织、口感及口味、杂质五项。在检测过程中，需要充分利用视觉、嗅觉、味觉和口腔的触觉来判断裱花产品的各项评价指标。

评分法是分级实验中常用的检验方法，同时在企业实际应用中也是最常用的评价法之一。本任务选用评分法对蛋糕样品的各方面品质进行评价。

【相关知识】

一、裱花蛋糕的组成

裱花蛋糕由蛋糕坯和蛋糕装饰材料两部分组成。

1. 蛋糕坯

蛋糕底坯的种类依照制作方法和口味的不同，大致可分为清蛋糕、油蛋糕、混合蛋糕三个种类。

清蛋糕，也叫海绵蛋糕、全蛋蛋糕、泡沫蛋糕，以小麦粉、蛋、糖等为原料，利用蛋的起发性，经搅打、制糊、入模、烘烤等工艺制成，内部结构密布气孔，组织松软。

油蛋糕，也叫重油蛋糕，以小麦粉、蛋、糖和油脂为主要原料，利用油糖的起发性，经搅打、制糊、烘烤等工艺制成。内部组织均匀、细腻、松软、油润，口味浓郁。

混合蛋糕，即戚风蛋糕（Chiffon Cake 的音译），以小麦粉、蛋、糖和液体油脂为主要原料，利用蛋清的起泡性，经分蛋、搅打、制糊、入模、烘烤等工艺制成。它的配方中没有固态油脂，只含有较少液态油脂，水分较多，因而组织更加松软和湿润，口味上更加清淡。混合蛋糕的口味清淡，因而经常搭配酱料食用，也最能突出酱料口味。因此，混合蛋糕是制作裱花蛋糕最常用的蛋糕坯材料。

2. 蛋糕装饰材料

蛋糕装饰材料的主体为装饰酱料，装饰酱料依其成分不同，行业标准（SB/T 10329—2000）《裱花蛋糕》将其分为蛋白膏、黄油酱、奶油、人造奶油、植脂奶油。其中植脂奶油由于塑性、着色性相对较好，口味清淡，成本也相对低廉，因而成为现在国内市场上最常见的蛋糕装饰酱料。

蛋糕用装饰酱料装饰的同时，还可搭配其他装饰材料，如酱料类的巧克力酱、果酱、果膏；水果类的果脯、果干、水果罐头、鲜果；坚果类的各种坚果、坚果碎、坚果膏；巧克力类的巧克力碎、巧克力装饰件、可可粉；饼干、泡芙类的小西点等。

此外，蛋糕还可以搭配少量的干性和湿性食用色素以增加色彩。

二、裱花蛋糕的分类

裱花蛋糕按不同的装饰料、蛋糕坯一般可分为五大类。

1. 蛋白裱花蛋糕：以清蛋糕为坯，用蛋白装饰料加工制成的裱花蛋糕。

2. 奶油裱花蛋糕：以清蛋糕为坯，用奶油装饰料加工制成的裱花蛋糕。

3. 人造奶油裱花蛋糕：以清蛋糕为坯，用人造奶油装饰料加工制成的裱花蛋糕。

4. 植脂奶油蛋糕：以含少量油脂的蛋糕为坯，用植脂奶油装饰料加工制成的裱花蛋糕。

5. 其他类裱花蛋糕：以清蛋糕、油蛋糕或混合型蛋糕为坯，用其他装饰料制成的裱花蛋糕。

三、裱花蛋糕的保存

1. 裱花蛋糕的品质问题

裱花蛋糕含有丰富的水分、油脂、糖分，组织松软，要达到相应的品质要求，制作过程要求也比较严格。在实际生产和运输销售中，其主要品质问题包括：霉变（因霉菌侵染而产生）；发酸、发臭、发黏、拉丝（因细菌侵染而产生）；淀粉老化；油脂酸败。同时蛋糕具有多孔的结构，因而有很强的吸附性，容易吸附外来的异味。当然，蛋糕的品质问题还包括因生产手法而产生的：不熟、夹生、组织发死等。

2. 裱花蛋糕的保存方式与保质期

裱花蛋糕营养丰富，含有丰富的糖、油脂、蛋白质，尤其是戚风蛋糕和植质奶油蛋糕，还含有丰富的水分，因而非常容易腐败变质。蛋糕还具有多孔结构，容易因吸附其他味道串味。蛋糕组织松软，表面装饰十分精细，不能接触外包装和被压。因此，裱花蛋糕在保存中，应用硬盒包装防止被压，密封防止串味和微生物侵入。戚风蛋糕、清蛋糕为原材料的裱花蛋糕应该冷藏保存，在包装完好的情况下，可保质 3 ~ 4 天，包装开启后最好应在当天吃完。重油蛋糕因含水分较少，可冷藏保存较长时间，也可以冷冻保存，没有装饰的重油蛋糕包装完好情况下冷冻保存可达到 2 ~ 3 个月。

四、裱花蛋糕品质的感官评价标准及常见问题

感官鉴别裱花蛋糕的品质，主要评价指标包括外观和内质两部分。外观部分主要包括色泽、形态，要充分利用视觉观察产品的颜色、光泽、完整度、花纹清晰度等；内质部分主要包括组织、口感及口味、杂质，要利用视觉、嗅觉、触觉、味觉的感受综合判断产品的品质好坏。

1. 植脂奶油裱花蛋糕品质的感官评价标准

植脂奶油裱花蛋糕以比较松软的戚风蛋糕为底坯，上面装饰打发的植脂奶油，其组织松软，口感清淡，是市场上最常见的裱花蛋糕品种之一，以下就以这种蛋糕为例。

根据行业标准 SB/T 10329—2000《裱花蛋糕》对植脂奶油裱花蛋糕感官品质的要求，可以制定植脂奶油裱花蛋糕感官评价标准表（见表 7—3—1）。

表 7—3—1　　植脂奶油裱花蛋糕感官评价标准表

分类	色泽	形态	组织	口感及口味	杂质
植脂奶油裱花蛋糕	色泽淡雅；裱酱乳白或产品原有色泽，微有光泽，色泽均匀，无色素斑点，无灰点；蛋糕侧壁呈装饰料色泽	完整，不变形，不缺损，不收缩，不塌陷，不析水，抹面平整、细腻、无粗糙感，不露糕坯，饰料饱满，匀称；图案端庄，表面无裂纹	夹层厚薄均匀，糕坯内气孔均匀，无粉块，无糖粒；夹层饰料厚薄均匀	糕坯滋润绵软爽滑；裱酱油润不腻，有品种应有的风味，甜度适中；无异味	无可见杂质

2. 植脂奶油裱花蛋糕在感官检验中的常见问题

植脂奶油裱花蛋糕在感官检验中常出现以下问题。

（1）色泽：色泽搭配不当或过重；裱酱表面裱挤不光滑，有色斑色块或灰点；蛋糕侧壁装饰料处理不平整。

（2）形态：外形不完整有损伤，有剐蹭，中部有塌陷，有水珠，轻微露坯，装饰料分布不匀称，装饰料分布不当。

（3）组织：夹层厚薄不均匀或有断裂，糕坯内气孔过大，不均匀或起发不足，有粉粒或糖粒；夹层饰料厚薄不匀。

（4）口感及口味：糕坯不够绵软和滋润、死硬或发黏；裱酱打发过软或过硬，口感粗糙，品种应有的风味不明显，甜度过浓；存在异味。

（5）杂质：内有可见杂质。

【任务实施】

检验步骤

1. 外部检验

配图	实验步骤	注意事项
	1. 除去样品的包装，将其置于平整的桌面上	注意保持样品的完整性，以免对后续检验产生影响
外表面色泽检验		
	2. 观察其表面和侧面色泽搭配是否合理、调色是否均匀并深浅适当，色素是否超标	观察色泽搭配是否不当或过重；奶油表面是否有色斑色块或灰点
外表面形态检验		
	3. 观察蛋糕是否完整，表面及侧面奶油是否光滑平整；图案花边是否不断不裂，布局是否合理；表面有无塌陷、开裂	环境光线应该充足，注意有无露坯现象

2. 内部检验

配图	实验步骤	注意事项
	1. 将样品平均切为 8 块，随机选取其中一块，将其置于一张干净的白纸上，或无色透明的玻璃板或白色的瓷盘上	注意保持样品的完整性，以免对后续检验产生影响
内部色泽检验		
	2. 拿起盛放蛋糕样品的容器，观察其内部；蛋糕坯是否颜色适当	注意蛋糕坯表皮颜色是否过深
内部形态检验		
	3. 拿起盛放蛋糕样品的容器，观察其内部切面是否平整是否有变形、塌陷、析水、开裂现象	
组织检验		
	4. 观察蛋糕坯切面是否平整；外观是否规整，膨松柔软，内心无湿粉，底部无疙瘩；夹层是否均匀，气孔是否细密均匀，有无粉块和糖粒	检查蛋糕弹性时可用手指轻轻按压

合标准的产品，主要用以确定两种产品之间是否存在感官差别，其方法主要有 5 种。

（1）成对比较检验。主要用以确定两种样品之间是否存在某种差别，判别的方向如何，确定是否偏爱两种样品中的某一种。也可作为选择和培训品评员用。这种品评方法的优点是简单且不易产生感官疲劳；缺点是当品评的样品增多时，要求品评的数目立刻就会变得极大以至于无法比较。

（2）三点检验。主要适用于确定两种样品之间细微的差别，当品评员数量不多时可以选择此方法。也可作为选择和培训品评员用。该法的优点是简单；缺点是用这种方法品评大量样品不经济，品评刺激性强烈的样品比成对比较检验更容易受到感官疲劳的影响。

（3）2—3 点检验。主要适用于确定被检样品与对照样品之间是否存在感官差别。该法尤其适用于品评员很熟悉对照样品的情形。其优点是对某些特定产品具有较高的精度；缺点是如果品评样品有后味，这种检验方法就不如成对比较检验适宜。

（4）五中取二检验。差别检验的一种方法，5 个已编码的样品，其中有两个是一种类型，其余三个是另一种类型，要求品评员将这些样品按类型分成两组。适用于仅有少数优选品评员时的情形。该法的优点是在统计学上功效高；缺点是更容易受到感官疲劳和记忆效果的影响。在利用视觉、听觉和触觉的感官分析中可使用该方法。

（5）“A”—“非 A”检验。主要适用于品评那些具有各种不同外观或有持久后味的样品。该法特别适用于无法取得完全类似样品的差别检验。其操作要点是，当品评员学会识别样品“A”以后，将一系列可能是“A”或“非 A”的样品提供给他们，要求品评员指出每一个样品是“A”还是“非 A”。提供样品应有适当的时间间隔，并且一次品评的样品不宜过多。该法也可用于品评员的记忆培训。

2. 描述性检验

用于识别存在于某样品中的特殊感官指标。该检验也可是定量的，适用于一个或多个样品，以便同时定性和定量地表示一个或多个感官指标。

（1）简单描述检验。主要适用于描述已经确定的差别，也可用于培训评价员。当一次品评呈现多个样品时，样品分发顺序可能对检验结果产生影响，通过使用不同的样品顺序重复进行检验估计出这种影响的大小。

（2）定量描述和感官剖面检验。主要适用于新产品的研制，确定产品之间差别的性质、质量控制、提供与仪器检验数据相对比的感官数据，识别和描述某一特殊样品。使用这种检验的结果处理没有简单的统计方法，它是采用多变量分析技术来处理的，这种处理方式可用来揭示产品和品评员之间是否有显著差异。

二、酱油的感官评价标准

以酱油为例，《酿造酱油》（GB 18186—2000）从色泽、气味、组织状态和滋味四个方面规定了酱油的感官评价标准，见表 8—1—1。

表 8—1—1 酱油的感官评价标准

分类 \ 项目		色泽	气味	组织状态	滋味
酱油	优质	呈棕褐色或红褐色（白色酱油除外），色泽鲜艳，有光泽	具有酱香或酯香等特有的芳香味，无其他不良气味	澄清无霉花浮膜，无肉眼可见的悬浮物，无沉淀，浓度适中	味道鲜美适口而醇厚，柔和味长，咸甜适度，无异味
	次质	色泽黑暗而无光泽	酱香味和酯味都平淡	微混浊或有少许沉淀	鲜美味淡，无酱香，醇味薄，略有苦涩等异味和霉味
	劣质	色泽发乌、混浊，灰暗而无光泽	无酱油的芳香味或香气平淡，而且有焦糊、酸败、霉变和其他令人厌恶的气味	严重混浊，有较多的沉淀和霉花、浮膜，有蛆虫	有异味，苦涩

从酱油的感官评价标准中可以总结出酱油感官评价的描述性词汇，以进行酱油的描述性分析实验，详细内容请见表 8—1—2。

表 8—1—2 酱油的感官评价描述词汇

项目	描述词汇
色泽	棕褐色，红褐色，有光泽，鲜艳，黑暗，发乌，混浊，灰暗
气味	酱香，酯香味，不良香气，香气平淡，焦糊味，酸败味，霉变味
组织状态	澄清，沉淀，混浊，肉眼可见悬浮物，霉花，浮膜，蛆虫
滋味	鲜美醇厚，咸甜适度，酱香，异味，苦涩味，霉味

三、酿造酱油和配制酱油的感官鉴别

SB 10336—2000 中对配制酱油的规定如下：配制酱油是以酿造酱油为主体，与酸水解植物蛋白调味液、食品添加剂等配制而成的液体调味品。且配制酱油中酿造酱油的比例（以全氮计）不得少于 50%，且不得添加味精废液、胱氨酸废液、非食品原料生产的氨基酸液。可以从色泽、气味、滋味、杂质四个方面了解到配制酱油和酿造酱油在感官方面的区别，见表 8—1—3。

表 8—1—3　　配制酱油和酿造酱油的感官评价标准

项目＼分类	酿造酱油	配制酱油
色泽	呈红褐色或棕褐色有光泽。有较多的泡沫挂壁	颜色发黑，无光泽，不易出现挂壁现象
气味	有浓郁的酱香和酯香，无不良气味	无香味，带有较强烈的焦糊味，或略有臭味
杂质	表面无变化，无杂质	表面有一层白皮漂浮
滋味	滋味鲜美，咸甜酸味协调适口，醇厚绵长	有苦、酸、涩等异味

四、黄豆酱的感官评价标准

根据 GB/T 24399—2009 中对黄豆酱的感官要求，可以归纳出豆瓣酱的感官评价标准，见表 8—1—4。

表 8—1—4　　黄豆酱的感官评价标准

分类＼项目		色泽	气味	组织状态	滋味
黄豆酱	优质	呈红褐色或棕褐色，油润发亮，鲜艳而有光泽	具有酱香和酯香气味，无其他异味	黏稠适度，不干不澥，无霉花，无杂质	滋味鲜美，咸淡适口，有豆酱或面酱独特滋味，无异味
	次质	色泽较深或较浅，无光泽	酱香气正常或稍淡，微有异味	过稠或过稀	滋味不醇正，有苦涩味，焦糊味，酸味，或其他异味
	劣质	色泽灰暗而无光泽	有酸败味或霉味等不良气味	有霉花、杂质和蛆虫	具有刺激性的酸味，有涩味、霉味等不良滋味

根据黄豆酱的感官评价标准，我们将描述色泽、气味、组织状态和滋味这四项感官评价指标的词汇总结如下，见表 8—1—5。

表 8—1—5　　黄豆酱的感官评价的描述词汇

项目	描述词汇
色泽	呈红褐色或棕红色，油润发亮，色泽较深，色泽较浅，有光泽
组织状态	黏稠适度，较干，较澥，霉花，杂质，过稠，过稀，蛆虫
气味	具有酱香和酯香气味，异味，香气不浓，平淡，有酸败味或霉味等不良气味
滋味	滋味鲜美，入口酥软，咸淡适口，有豆酱独特的滋味，豆瓣辣酱可有锈味，苦味，涩味焦糊味，酸味，其他异味

【任务实施】

一、酱油的感官检验

1. 样品准备

配图	操作方法	注意事项
	1. 用具：50 mL 玻璃棒 5 个、25 mL 移液管 5 支、25 mL 具塞比色管 5 支、小瓷碟 5 个、吸耳球、厚白纸板	
	2. 样品：超市购买五种不同品牌的酱油，备样员给每个样品编出三位数的代码，每个样品给三个编码，作为三次重复检验之用，随机数码取自随机数表，并按任意顺序进行供样。	1. 编码及供样顺序示例参见项目四 2. 在做第二次重复检验时，供样顺序不变，样品编码改用上表中第二次检验用码，其余以此类推
	3. 编号：用 A、B、C、D、E 给五种酱油编号，每种酱油取三份，用随机数编号，并统一呈送	

2. 实验步骤

<table>
<tr><th>配图</th><th>操作方法</th><th>注意事项</th></tr>
<tr><td>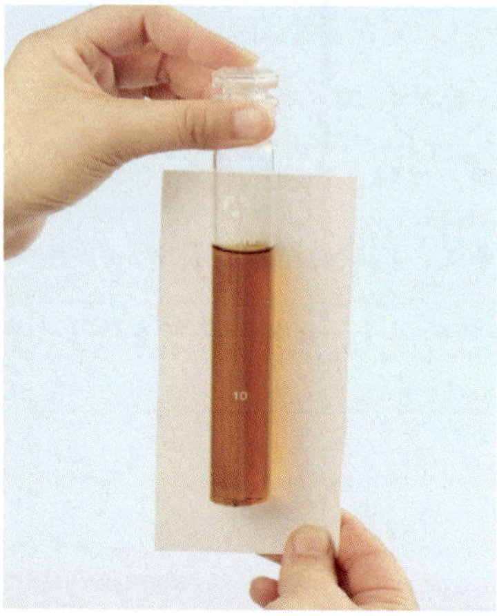</td><td>1. 色泽：各取 2 mL 酱油于 25 mL 具塞比色管中，加水至刻度，置于白色背景下，振摇观察其色泽</td><td rowspan="4">1. 正确理解表 8—1—1 中酱油的感官描述词汇，将符合的词汇填入表格 8—1—6 中
2. 如样品的色泽、气味、组织状态的评价结果较差时，不进行样品滋味的鉴别，以防中毒</td></tr>
<tr><td></td><td>2. 气味：分别取比色管中少量酱油于白瓷碟中，闻其味道</td></tr>
<tr><td></td><td>3. 杂质：在白色背景下对光观察其混浊程度，然后将具塞试管倒置，观察有无混悬物质，再静置一段时间，观察有无沉淀物</td></tr>
<tr><td>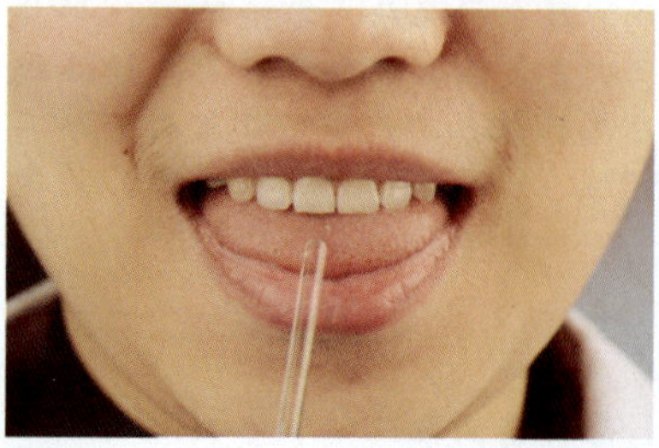</td><td>4. 滋味：用玻璃棒蘸取少量样品滴于舌头上进行品味</td></tr>
</table>

3. 结果判断

表 8—1—6　　酱油的感官评价结果判断表

样品名称：＿＿＿＿＿＿　评价员姓名：＿＿＿＿＿＿　检验日期：＿＿＿＿＿＿

样品号 / 描述词汇 / 项目					
色泽					
气味					
组织状态					
滋味					
说明：请将规定的描述词汇中符合样品特征的词汇填写在表格中					

二、酿造酱油与配制酱油的鉴别检验

1. 样品准备

配图	操作方法	注意事项
	1. 用具：50 mL 玻璃棒 5 个、25 mL 移液管 5 支、25 mL 具塞比色管 5 支、小瓷碟 5 个、吸耳球、厚白纸板	
	2. 样品：酿造酱油和配制酱油。将不同的样品分别放入具塞玻璃试管中，样品数量不得少于 5 mL，一组 10 个样品，按编号码放，呈送给评价员。备样员给每个样品编出三个三位数的代码，作为三次重复检验之用，随机数码取自随机数表，并按任意顺序进行供样	1. 供样顺序是备样员内部参考使用，实验员用的检验记录表上看到的只是编码，无供样顺序 2. 在重复下一组检验时样品呈送顺序不变，编码数字换为第二次检验编号 3. 每一组中“A”与“非 A”的数量要相等
	3. 将评价员分为每组 10 人，了解所使用的判断标准（见表 8—1—3），使品评员对每一个描述词汇的定义有共同的认识	可提前组织评价员集体进行培训

2. 实验步骤

配图	操作方法	注意事项
	1. 色泽：分别将已倒入样品的具塞玻璃试管，来回摇晃几下，在白色背景下观察其色泽，并在摇晃过程中观察有无泡沫挂壁的现象	将表 8—1—3 中的相应词汇记录在表 8—1—7 中
	2. 气味：将样品倒入白瓷碟中，边摇动边将样品靠近鼻子，用手向内扇动，闻其气味	
	3. 组织状态：取 5 mL 酱油倒入培养皿中，盖上盖子静置于阴凉处一段时间，观察表面是否有漂浮物	
	4. 滋味：蘸少许酱油入口，用舌头涂布满口，反复咂咂	

3. 结果判断

表 8—1—7　　酿造酱油和配制酱油的感官评价结果判断表

酿造酱油和配制酱油的感官评价结果判断表 姓名：________　样品：________　日期：________　鉴定组别：________
实验指令： （1）在实验之前对样品“A”和“非 A”进行熟悉，记住它们的口味 （2）从左到右依次鉴定样品，在鉴定完每一个样品之后，在其编码后面相对应位置上打“√” 注意：在你所得到的样品中，“A”和“非 A”的数量是相同的

续表

样品顺序号	编号	该样品是	
		A	非 A
1			
2			
3			
4			
5			
6			
7			
8			
9			
10			

三、黄豆酱的感官检验

1. 样品准备

配图	操作方法	注意事项
	1. 用具：干燥、洁净的白瓷碟五只、小勺子五只、厚白纸板、笔	
	2. 样品：超市购买的五种黄豆酱	

【知识拓展】

一、调味品掺假的常见方式

1. 掺兑

主要是指在调味品中掺入一定数量的外观类似的物质取代原调味品成分的做法。例如：香油掺米汤、食醋掺游离矿酸等。

2. 混入

在固体调味品食品中掺入一定数量外观类似的非同种物质，或虽种类相同但掺入质量低劣的物质。例如：味精中混入食盐等。

3. 抽取

从调味品中提取出部分营养成分后仍冒充成分完整。例如：将芝麻油中的芝麻素提取后再加芝麻香精。

4. 假冒

采取好的、漂亮的精制包装或夸大的标签说明与内装食品的种类、品质、营养成分名不副实的做法称作假冒。例如：假香油等。

5. 粉饰

以色素（或颜料）、香料及其他严禁使用的添加剂对质量低劣的或所含营养成分低的调味品进行调味、调色处理后，充当正常食品出售，以此来掩盖低劣的产品质量。例如：用酱色、食盐、味精和水做成的假酱油以及假香油。

二、食醋的感官评价标准

GB 18187—2000《酿造食醋》分别从色泽、气味、组织状态和滋味四个方面规定了食醋的感官评价标准，见表 8—1—9。

表 8—1—9　　食醋的感官评价标准

分类 \ 项目		色泽	气味	组织状态	滋味
食醋	优质	呈琥珀色、棕红色或白色	固有的气味和醋酸气味，无其他异味	澄清无悬浮物或沉淀物，无霉花、浮膜	酸味柔和，稍有甜味，无其他不良气味

续表

分类		色泽	气味	组织状态	滋味
食醋	次质	色泽无明显异常，无光泽	食醋香气正常或稍淡，微有异味	微混浊或有少量沉淀	滋味不醇正或酸味欠柔和
	劣质	色泽发乌而无光泽	无固有香气，具有酸臭味、霉味或其他异味	严重混浊，有较多的沉淀、霉花和浮膜，有蛆虫	具有刺激性的酸味，有涩味、霉味等不良滋味

【思考与练习】

1. 试从色泽、组织状态、气味、滋味四个方面对优质豆瓣酱的感官特征做出描述。
2. 调味品感官品评常用的检验方法有三类，分别是什么？
3. 请依据食醋的感官评价标准和描述词汇，用描述分析法完成食醋的感官评价。

任务2 干货类调味品的感官检验

【学习目标】

1. 了解干货类调味品的种类。
2. 能掌握干货类调味品的感官检验的主要内容和方法。
3. 能在教师指导下，以小组协作方式，利用描述法对辣椒粉进行检验。
4. 能在没有教师指导下查阅相关资料，对大料和芥草的外观和口感进行感官鉴别。

【任务引入】

近年来，随着人们生活水平的提高，人们对食品口味的多样性和复杂性有了越来越多的需求，各类调味品的用量也不断增加，市场上出现以莽草充当大料，用麦麸、玉米粉，更有甚者用红砖粉掺入辣椒粉和花椒粉中的现象。那么，作为食品检验员如何对大料和辣椒粉进行感官检验呢？

【任务分析】

干货调味品感官鉴别指标主要包括气味、滋味、色泽和外观形态等。首先，气味和滋味在鉴别时具有尤其重要的意义，只要某种调味品在品质上稍有变化，就可以通过其气味和滋味微妙地表现出来，故在实施感官鉴别时，应该特别注意这两项指标的应用。其次，对于调味料还应目测其色泽是否正常，更要注意表面是否发霉或已经生蛆，所有调味品均应在感官指标上掌握到不霉、不臭、不酸败、不板结、无异物、无杂质、无寄生虫的程度。再次，市场上经常出现利用调味品外观形态上的相似，以次充好，以假乱真的现象，因此外观形态的感官鉴别也尤为重要。

【相关知识】

一、干货类调味品的作用及使用注意事项

1. 作用

（1）提供本身特殊香气。

（2）掩盖食品中的不愉快的气味。

（3）增强和保持食物的香气。

（4）提供维生素和矿物质。

（5）促进消化和防腐。

2. 使用注意事项

（1）用前考虑原料的不同情况和使用要求：脱臭、增香、增进食欲。

（2）注意对被调味料原料气味的遮蔽效果。

（3）考虑在加热过程中香味物质的挥发性损失，尽量使用耐热性强的调味料。

（4）掌握干货类调味品添加量对食品质量的影响。

二、干货类调味品感官检验内容

干货类调味品是以大料、花椒、胡椒、桂皮、大茴香、小茴香、辣椒和孜然为主要原料，并将这些植物的果实和种子粉碎后，配制成的天然植物香料。对它们进行感官评价时，主要从色、香、味方面入手，也可以直接观察其颜色、嗅其气味和品尝其滋味。其次是进行组织状态的感官评价，主要的评价方式是靠眼看和手摸以感受其组织状态，见表 8—2—1。

表 8—2—1　　干货类调味品的感官评价标准

项目 / 分类	色泽、气味、滋味	组织状态
优质	具有特有的色香味	呈干燥的粉末状
次质	色泽稍深或稍浅，香气和滋味不浓	有轻微的结块和吸潮现象
劣质	滋味、气味不醇正，有霉变味或其他异味	有潮解、变质、发霉、生虫现象

三、大料和莽草的感官检验

常见的假大料有莽草、地枫皮和大八角等，莽草又名芒草、红茴香、骨底搜、山木蟹等，从外观和口感上可对大料和莽草进行一定的区分，见表 8—2—2。

表 8—2—2　　大料与莽草在外观和口感上的区别

分类 / 项目	大料	莽草
外观	瓣角整齐，一般为整齐的 8 瓣，呈放射状排列于中轴上，瓣纯厚，带梗，尖角平直，蒂柄向上弯曲，瓣间接触面呈卵圆形，上侧多开裂	瓣角不整齐，大多由 10~13 个大小不等的突果组成，瓣瘦长，呈多角形星芝状聚合，外表红褐色，果皮较薄，尖端带钩，瓣内接触面呈三角形
口感	味甘甜，有强烈而特殊的香气，不麻嘴	味稍苦，滋味淡，无八角茴香特有的香味，有麻舌感

四、辣椒粉的感官检验

辣椒粉是红色或红黄色，油润而均匀的粉末，是由红辣椒、黄辣椒、辣椒籽及部分辣椒秆碾细而成的混合物，具有辣椒固有的辣香味，闻之刺鼻打喷嚏。辣椒粉中常掺有染红的玉米面、番茄粉，更有甚者掺入锯末和红砖末。近期媒体上还曝光不法商贩在辣椒粉中掺入苏丹红等染色剂，以提高辣椒粉的感官价值。辣椒粉具体感官检验内容见表 8—2—3。

表 8—2—3　辣椒粉的感官检验标准

分类		外观	气味	组织状态	口感
辣椒粉	优质	呈红色或红黄色，用白纸摩擦无染色，有光泽	具有固有的辣香味	粉面干燥，均匀	有辣椒固有的辣香味
	次质	颜色不均匀，无光泽	香辣味不明显，或只辣不香	粉面潮湿，有肉眼可见杂质	无香味
	劣质	呈砖红色，用白纸摩擦有染色	略有或没有辣味或有其他杂味	有返潮、凝块现象，不均匀，有可见的木屑样物或绿色的叶子碎片等杂质	用舌头舔感到牙碜

根据辣椒粉感官检验的基本内容，将辣椒粉的感官评价词汇总结见表 8—2—4。

表 8—2—4　辣椒粉的感观评价的描述性词汇

项目	描述词汇
外观	深红色，红黄色，粉末均匀，松散，颜色艳红，不均匀，有结块，有杂质
气味	味甘甜，有强烈而特殊的香气，闻之辣味不浓，无辣味，杂味
组织状态	干燥，返潮，均匀，有结块，有杂质
口感	固有香辣气、牙碜

【任务实施】

一、大料与莽草的感官鉴别检验

1. 样品的准备

配图	操作方法	注意事项
	1. 用具：白瓷碟若干、一次性手套 10 副	

续表

配图	操作方法	注意事项
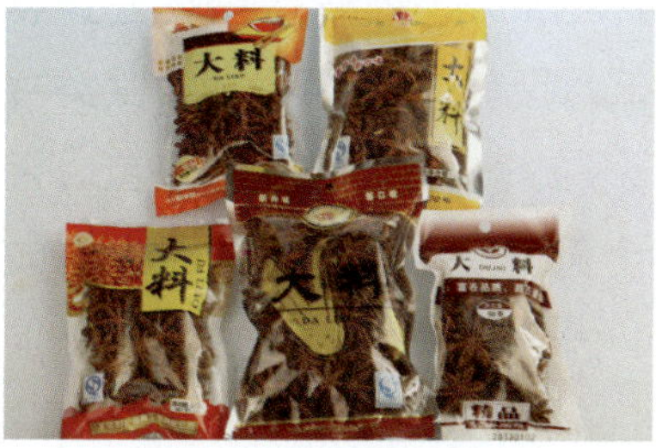	2. 样品：大料和莽草	
	3. 将评价员分为每组10人，了解所使用的判断标准（见表8—2—2），使品评员对每一个描述词语的定义有共同的认识	可提前组织评价员集体进行培训
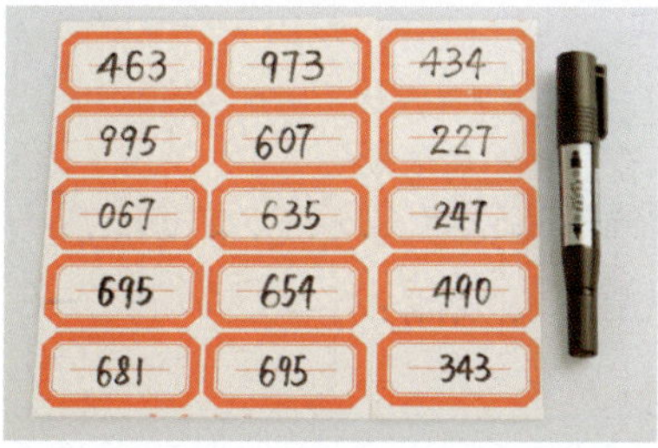	4. 备样：用随机数给每个样品编出三个三位数的代码，作为三次重复检验之用	1. 供样顺序是备样员内部参考使用，实验员用的检验记录表上看到的只是编码，无供样顺序 2. 在重复下一组检验时样品呈送顺序不变，编码数字换为第二次检验编号 3. 每一组中“A”与“非A”的数量要相等
	5. 样品呈送：将样品分别放入平皿中，样品数量不得少于10 g，一组10个平皿，按编号码放，统一呈送给评价员	在将样品分入试样杯前要将样品分别混匀

2. 实验步骤

配图	操作方法	注意事项
	1. 品评员在光线下观察大料的形状、瓣角、尖角和蒂柄	应瓣角整齐、瓣纯厚，无尖钩
	2. 各掰取下其中一瓣，置于舌尖，轻舔，品尝有无大料的特殊香气	应味甘甜、无杂味和辛辣味
	3. 在表 8—2—5 中按要求记录相应的编号和判断结果	

3. 结果判断

表 8—2—5　　大料和莽草感官评价结果判断表

大料和莽草感官评价结果判断表
姓名：＿＿＿＿　样品：＿＿＿＿　日期：＿＿＿＿　鉴定组别：＿＿＿＿
实验指令： （1）在实验之前对样品“A”和“非 A”进行熟悉，记住它们的口味 （2）从左到右依次鉴定样品，在鉴定完每一个样品之后，在其编码后面相对应位置上打“√” 注意：在你所得到的样品中，“A”和“非 A”的数量是相同的

续表

样品顺序号	编号	该样品是	
		A	非 A
1			
2			
3			
4			
5			
6			
7			
8			
9			
10			

说明：大料与莽草有明显的感官质量差别。然而，有的不法商贩将两者混合出售或将莽草用大料油熏味后，使之具有大料的香味，外观上兼有两者的特点，很难判定。因此，应再配合理化检验，使判定结果更加可靠。

二、辣椒粉的感官鉴别检验

1. 样品准备

配图	操作方法	注意事项
	1. 用具：白瓷碟与小勺各5个、玻璃棒5只、白纸板	
	2. 样品：市场上购买五种不同厂家生产的辣椒粉若干分别置于平皿中10 g左右，编号后，将样品一起呈送给品评员	

2. 实验步骤

配图	操作方法	注意事项
	1. 色泽和组织状态：品评员在光线下观察辣椒粉的颜色和组织状态	品评员将能够对样品进行描述的词汇填入表格8—2—6中
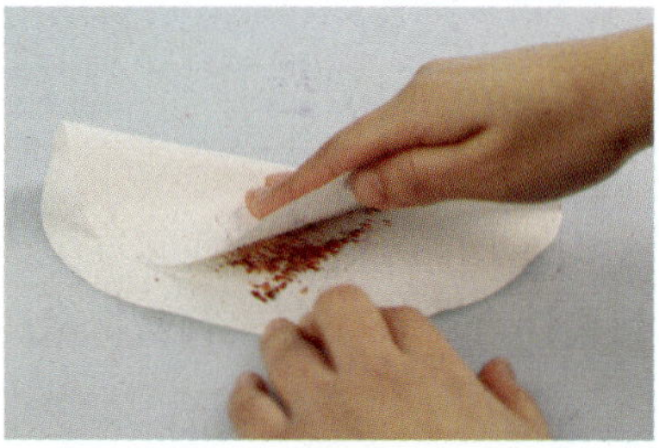	2. 染色：分别将样品置于白纸上，将纸折叠，反复摩擦几下，打开看纸上是否有染色	
	3. 气味：慢慢将辣椒粉置于鼻子附近，仔细闻样品的辣味	
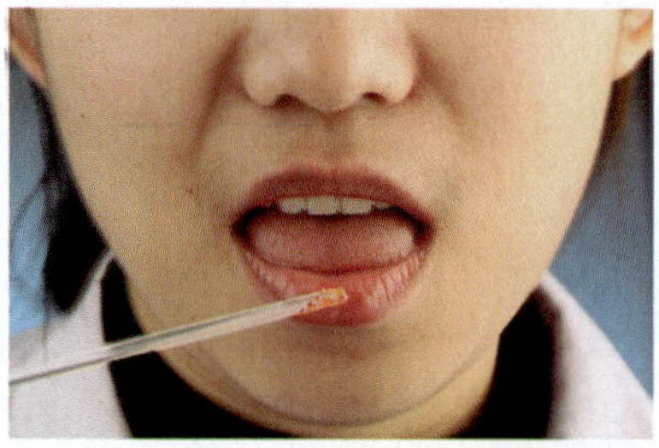	4. 口感：用玻璃棒蘸取少量辣椒粉放于舌尖上，品尝其口感	

3．结果判断

表 8—2—6　　　　　　　　辣椒粉的感官评价结果判断表

样品名称：________　　评价员姓名：________　　检验日期：________

描述词汇 项目 \ 样品号					
色泽					
气味					
组织状态					
口感					
说明：请将规定的描述词汇中符合样品特征的词汇填写在表格中					

【考核评价】

素质	内容	评价项目	评价		
	学习目标		个人评价30%	小组评价30%	教师评价40%
知识（20分）	应知	1. 了解干货调味品的分类和作用 2. 熟悉干货类调味品感官检验意义 3. 掌握干货类调味品感官检验方法			
专业能力（60分）	准备工作（10分）	1. 仪器、样品符合操作标准 2. 能用随机数编号，能正确选定呈送顺序 3. 能理解每一个评分点的意义			
	能使用正确的方法对样品进行感官评价（20分）	1. 操作方法、程序正确 2. 能用规范的操作完成判断检验			
	能够正确地记录数据，对结果做出正确的判断（20分）	1. 操作方法、程序正确 2. 能用规范的数据及文字记录实验结果			
	遵守安全、卫生要求（10分）	1. 遵守实验室安全规范 2. 遵守实验室卫生规范			
通用能力（10分）	动作协调能力（5分）	动作灵活、准确，双手配合协调			
	与人合作能力（5分）	1. 与同学互相配合，团结互助 2. 与同学沟通顺畅			
态度（10分）	认真、细致、勤劳	实验认真、细致、规范			
总分					
平均分					

【知识拓展】

一、花椒面掺假的鉴别

花椒面中掺入的伪品多为含淀粉的稻糠、麦麸等。因此可以通过检验样品中是否含有淀粉即可确定花椒面中是否掺假。用淀粉遇碘变蓝的原理进行鉴别。掺伪花椒面由于在花椒面中掺入了大量麦麸皮、玉米面等，外观上看往往呈土黄色粉末状，或有霉变，结块现象，花椒味很淡，口尝时舌尖微麻并有苦味。

二、芥末粉掺假的鉴别

芥末粉是芥菜的成熟种子碾磨成的一种粉状调料。芥末微苦，辛辣芳香，对口舌有强烈刺激，味道十分独特，芥末粉润湿后有香气喷出，具有催泪的强烈刺激性辣味，对味觉、嗅觉均有刺激作用。可用作泡菜、腌渍生肉或拌沙拉时的调味品。感官评价芥末粉一般从以下几个方面进行：

1. 包装鉴别

掺假的芥末粉一般包装比较粗糙，字迹印刷模糊不清，或未明确的厂址和厂名。

2. 色泽、气味和滋味的感官鉴别

掺假芥末粉中一般混入黄色谷物，如玉米面等，因而呈淡黄色或金黄色，同时也会导致刺激辛辣味的减弱。

3. 淘洗鉴别

将芥末粉像淘洗米一样在水中反复洗，因粮食粉末的相对密度较大，故会留在容器中，用口尝一下，如无明显的芥辣味，则说明掺有粮食类物质。

【思考与练习】

1. 请查找芥末粉的感官评价标准，根据国家标准设计选择一种评价方式，对其进行感官评价。

2. 设计一种评价方式，完成对花椒面的感官评价。

任务3　食盐、味精的感官检验

【学习目标】

1. 了解食盐和味精的营养性和安全性。
2. 熟悉食盐和味精的常见掺假方式和检验方法。
3. 能掌握食盐和味精的感官检验的主要内容和方法。
4. 能通过对食盐和味精的感官标准的学习，对掺假食盐和味精进行感官判断。
5. 能在教师指导下，以小组协作方式对食盐与味精进行感官检验。

【任务引入】

食盐是指以氯化钠为主要成分，用海盐、矿盐、井盐或湖盐等粗盐加工而成的晶体状调味品。味精则是一种主要成分是谷氨酸钠的盐，在烹调过程中有给食物增鲜的作用。市售的食盐和味精种类繁多，作为一名感官检验员，该如何从感官检验角度对食盐和味精进行感官评价呢？

【任务分析】

食盐和味精是世界上消耗量和消耗次数最多的调味剂，根据GB/T 8967—2007和GB 5461—2000对味精和食盐的感观描述，味精和食盐的感官评价主要从色泽、外形、气味和滋味四个方面入手，通过眼观、鼻嗅、口尝等方法完成本次任务。

描述法可对食盐的品质做出准确的描述，评分法能够对味精的品质做出较好的区分，本任务主要采用描述法和评分法分别进行食盐和味精的感官检验。

【相关知识】

一、食盐的感官评价标准

食盐的感官检验主要包括色泽、外形、气味、滋味等几个方面。食盐的具体感官评价标准见表8—3—1。

表 8—3—1　　食盐的感官评价标准

分类		色泽	外形	气味	滋味
食盐	优质	颜色洁白	结晶整齐一致，坚硬光滑，呈透明状或半透明状。无结块和返潮现象，无杂质	无气味	醇正的咸味
	次质	呈灰白色或淡黄色，色泽暗淡无光	结晶不均匀，有易碎的结块	无气味或夹杂轻微的异味	有轻微的苦味
	劣质	呈暗灰色或黄褐色	有结块和返潮现象，有杂质	有异臭或其他异味	有苦味和涩味或其他异味

根据食盐的感官评价标准对食盐的感官进行描述，现将描述词汇总结如下，见表 8—3—2。

表 8—3—2　　食盐感官评价的描述词汇

项目	描述词汇
色泽	颜色洁白，呈灰白色或淡黄色，呈暗灰色
外形	洁净整齐一致，坚硬光滑，呈透明状或半透明状，结块，返潮现象，有杂质
气味	无气味，夹杂轻微的异味，有异味，其他外来异味
滋味	醇正的咸味，轻微的苦味，有苦涩味或其他异味

二、味精的掺伪检验

味精是一种含谷氨酸钠的盐，是无嗅无色的晶体，在 232℃时解体熔化。味精的水溶性很好，当溶于水（或唾液）时，它会迅速电离为自由的钠离子和谷氨酸盐离子。如味精中有其他结晶形态颗粒或水溶液有咸味、甜味、苦涩味等，可视为掺假。其中味精的感官评价标准见表 8—3—3。

表 8—3—3 味精的感官评价标准

项目 分类		色泽	外形	气味	滋味
味精	优质	洁白光亮	含谷氨酸钠90%以上的味精呈柱状晶粒，含谷氨酸钠80%～90%的味精呈粉末状，无杂质和霉迹	无气味	味道极鲜，略有咸味，无其他异味
	次质	色泽灰白	晶粒大小不均匀，粉末状居多	轻微异味	滋味正常或微有异味
	劣质	色泽灰暗或呈黄铁锈色	有结块和肉眼可见的杂质	有异臭或其他不良气味	有苦味、涩味、霉味及其他不良滋味

三、味精的营养性和安全性

味精是谷氨酸钠盐，谷氨酸是氨基酸的一种，是合成人体蛋白质的重要组分。味精的主要用途为调味，可直接食用或做调味品、食品的添加配料，药用价值也很高。

1. 谷氨酸在自然界普遍存在，常见食物中都含有谷氨酸。人体各器官存在着相当数量的游离谷氨酸盐。

2. 谷氨酸是人体代谢的正常产物，糖经代谢，通过三梭循环，最终产生谷氨酸，消化吸收构成蛋白质，代谢过程与氨结合形成谷氨酰胺，作为大脑能源，可改善和维持大脑机能。

3. 味精的化学名称为谷氨酸钠，又叫麸氨酸钠，是氨基酸的一种，也是蛋白质的最后分解产物。要注意的是如果在100℃以上的高温中使用味精，鲜味剂谷氨酸钠会转变为对人体有致癌性的焦谷氨酸钠。如果在碱性环境中使用，味精会起化学反应产生一种叫谷氨酸二钠的物质。所以要适当地使用和存放。味精经过多次毒理实验、突变实验考证，证实食用味精对人体是安全有益的。

【任务实施】

一、食盐的感官检验

1. 样品准备

配图	操作方法	注意事项
	1. 用具：白瓷碟5只，玻璃棒五支，50 mL试饮杯5个，研钵，500 mL烧杯一只，白纸板，黑纸板	选择温度恒定在20～25℃，湿度保持在50%～55%的区域；光线充足或照明均匀、无阴影；空气清新、流通、无异味；安静、舒适的房间作为感官评价室
	2. 样品：蒸馏水，市场上购买的五种不同厂家的食盐	将样品分别置于平皿中，编号后，五个样品一起呈送给品评员

2. 实验步骤

配图	操作方法	注意事项
	1. 色泽：品评员在光线下观察置于白纸和黑纸上食盐的色泽，并按照要求填写表格	
	2. 外形：用手抓起一把样品，感受样品的质地，观察是否有结块，并按照要求填写表8—3—4	观察样品是否能从指缝中流动，有无返潮现象

续表

配图	操作方法	注意事项
	3. 气味：将研碎的样品置于鼻前，嗅其气味，并按照要求填写表 8—3—4	如颗粒较大，可用研钵研碎后，立即嗅其气味
	（4）滋味：取少量样品溶于 15 ~ 20℃蒸馏水中制成 5% 的盐溶液，用玻璃棒蘸取少许品尝，并按照要求填写表 8—3—4	评价每个样品之前用温开水漱口

3. 结果判断

表 8—3—4　　　　食盐感官评价实验记录表

样品编号：＿＿＿＿＿＿　　评价员姓名：＿＿＿＿＿＿　　检验日期：＿＿＿＿＿＿

样品号 / 描述词汇 / 项目					
色泽					
外形					
气味					
滋味					
说明：请将规定的描述词汇中符合样品特征的词汇填写在表格中					

二、味精的感官检验

1. 样品准备

配图	操作方法	注意事项
	1. 用具：白瓷碟5只，玻璃棒五支，50 mL试饮杯5个，研钵，500 mL烧杯一只，白纸板，黑纸板	
	2. 样品：蒸馏水，市场上购买的五种不同厂家的味精	将样品分别置于平皿中，编号后，五个样品一起呈送给品评员

2. 实验步骤

配图	操作方法	注意事项
	1. 色泽与外形：分别将各样品在白纸与黑纸上各撒一薄层，品评员在光线下观察食盐的色泽和外形，并按照要求填写表8—3—6	把每个样品分别撒于在白纸和黑纸上做对比观察
	2. 气味：将样品置于鼻前，嗅其气味，并按照要求填写表8—3—6	如颗粒较大，可用研钵研碎后，立即嗅其气味

续表

配图	操作方法	注意事项
	3. 滋味：取少量样品用舌头品尝，并按照要求填写表8—3—6	评价每个样品之前用温开水漱口

3. 结果判断

根据表8—3—5中味精的感官评价标准，将样品在每个感官指标上的得分填入表8—3—6中。

表8—3—5　　味精感官评价标准

项目	标准	最高分	得分
色泽	洁白光亮	20	19 ~ 20
	色泽灰白		17 ~ 19
	色泽灰暗或呈黄铁锈色，无光泽		15 ~ 17
外形	呈柱状晶粒（含谷氨酸钠90%以上的味精），呈粉末状（含谷氨酸钠80% ~ 90%的味精），无杂质及霉迹	25	24 ~ 25
	晶粒大小不均匀，粉末状居多数		22 ~ 24
	结块，有肉眼可见的杂质及霉迹		20 ~ 22
气味	无任何气味	25	24 ~ 25
	微有异味		21 ~ 24
	有异臭味、化学药品气味及其他不良气味		18 ~ 21
滋味	味道极鲜，具有鲜咸肉的美味，略有咸味，无其他异味	30	29 ~ 30
	滋味正常或微有异味		27 ~ 29
	有苦味、涩味、霉味及其他不良滋味		25 ~ 27

表 8—3—6　　味精感官评价实验记录表

样品名称：＿＿＿＿＿＿　评价员姓名：＿＿＿＿＿＿　检验日期：＿＿＿＿＿＿

编号	1	2	3	4	5
样品号 / 得分 / 项目					
色泽 20%					
外形 25%					
气味 25%					
滋味 30%					
评语					
备注					

【考核评价】

素质	内容：学习目标	评价项目	评价：个人评价 30%	评价：小组评价 30%	评价：教师评价 40%
知识（20 分）	应知	1. 了解食盐和味精的营养价值 2. 熟悉食盐和味精的常见方式 3. 掌握食盐和味精的感官检验方法			
专业能力（60 分）	准备工作（10 分）	1. 仪器、样品符合操作标准 2. 能用随机数编号，能正确选定呈送顺序 3. 能理解每一个评分点的意义			
	能使用正确的方法对样品进行感官评价（20 分）	1. 操作方法、程序正确 2. 能用规范的操作完成判断检验			
	能够正确地记录数据，对结果做出正确的判断（20 分）	1. 操作方法、程序正确 2. 能用规范的数据及文字记录实验结果			
	遵守安全、卫生要求（10 分）	1. 遵守实验室安全规范 2. 遵守实验室卫生规范			
通用能力（10 分）	动作协调能力（5 分）	动作灵活、准确，双手配合协调			
	与人合作能力（5 分）	1. 与同学互相配合，团结互助 2. 与同学沟通顺畅			
态度（10 分）	认真、细致、勤劳	实验认真、细致、规范			
总分					
平均分					

【知识拓展】

一、工业盐与食盐

1. 亚硝酸盐中毒

工业盐又叫做亚硝酸钠，亚硝酸盐中毒是指由于食用硝酸盐或亚硝酸盐含量较高的腌制肉制品、泡菜及变质的蔬菜引起的中毒，或者误将工业用亚硝酸钠作为食盐食用而引起的中毒，也可见于饮用含有硝酸盐或亚硝酸盐苦井水、蒸锅水后。亚硝酸盐能使血液中正常携氧的低铁血红蛋白氧化成高铁血红蛋白，因而失去携氧能力而引起组织缺氧。由亚硝酸钠引起食物中毒的概率较高。食入 0.3 ~ 0.5 g 的亚硝酸钠即可引起中毒甚至死亡。因此，食盐中是禁止加入亚硝酸盐的。

2. 亚硝酸盐与食盐的感官鉴别

氯化钠是立方晶体，或是细小的结晶粉末，呈白色；而亚硝酸钠则是斜方晶体，略带有浅黄色，通过两者外观上的差异可对它们进行初步鉴别，如图 8—3—1 和图 8—3—2 所示。

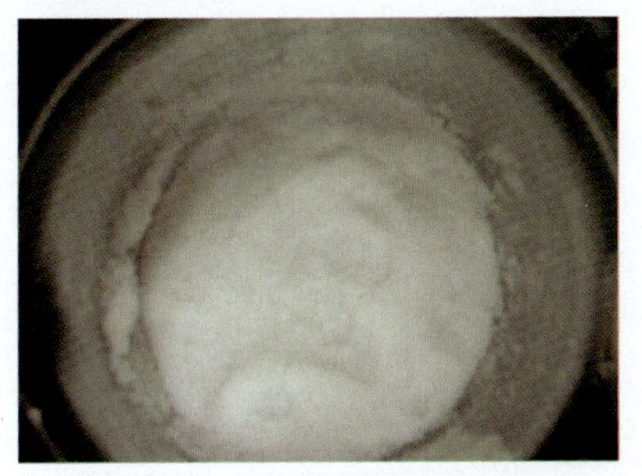

图 8—3—1 食盐

图 8—3—2 亚硝酸钠

二、食盐与亚硫酸钠的检验

1. 外观

氯化钠是立方晶体，或是细小的结晶粉末，呈白色；而亚硝酸钠是则斜方晶体，略带有浅黄色，通过两者外观上的差异可对它们进行初步鉴别。

2. 熔点

氯化钠的熔点为 801℃，亚硝酸钠的熔点为 271℃。把亚硝酸钠和氯化钠置于同一小块金属片上，用酒精灯对金属片加热，先熔化的是亚硝酸钠；用酒精灯加热不熔化的是氯化钠。

3. 对水的溶解度及溶解时的热现象

氯化钠和亚硝酸钠虽然都溶解于水，但是两者溶解度却大不相同。温度对氯化钠溶解的影响很小；而亚硝酸钠极易溶于水，且溶解时吸热，在热水中溶解得更快。在室温时，称取 1 g 等量的亚硝酸钠和氯化钠分别置于小试管中，加 2 mL 水使其溶解。由于亚硝酸钠溶解时吸热，一支试管中的溶液温度显著下降（5℃左右），且固体逐渐溶解，此为亚硝酸钠的试管；另一支试管温度变化不明显，为氯化钠的试管。

【思考与练习】

1. 味精和食盐中的常见的掺杂物都有哪些？请举例。

2. 品评员欲用“A”和“非 A”法对食盐和亚硝酸盐进行感官鉴别，请帮助品评员设计实验操作流程。

附 录

随机号码表

03 47 43 73 86 36 96 47 36 61 46 98 63 71 62 33 26 16 80 45 60 11 14 10 95
97 74 24 67 62 42 81 14 57 20 42 53 32 37 32 27 07 36 07 51 24 51 79 89 73
16 76 02 27 66 56 50 26 71 07 32 90 79 78 53 13 55 38 58 59 88 97 54 14 10
12 56 85 99 26 96 96 68 27 31 05 03 72 93 15 57 12 10 14 21 88 26 49 81 76
55 59 56 35 64 38 54 82 46 22 31 62 43 09 90 06 18 44 32 53 23 83 01 30 30
16 22 77 94 39 49 54 43 54 82 17 37 93 23 78 87 35 20 96 43 84 26 34 91 64
84 42 17 53 31 57 24 55 06 88 77 04 74 47 67 21 76 33 50 25 83 92 12 06 76
63 01 63 78 59 16 95 55 67 19 98 10 50 71 75 12 86 73 58 07 44 39 52 38 79
33 21 12 34 29 78 64 56 07 82 52 42 07 44 28 15 51 00 13 42 99 66 02 79 54
57 60 86 32 44 09 47 27 96 54 49 17 46 09 62 90 52 84 77 27 08 02 73 43 28
18 18 07 92 46 44 17 16 58 09 79 83 86 19 62 06 76 50 03 10 55 23 64 05 05
26 62 38 97 75 84 16 07 44 99 83 11 46 32 24 20 14 85 88 45 10 93 72 88 71
23 42 40 54 74 82 97 77 77 81 07 45 32 14 08 32 98 94 07 72 93 85 79 10 75
52 36 28 19 95 50 92 26 11 97 00 56 76 31 38 80 22 02 53 53 86 60 42 04 53
37 85 94 35 12 83 39 50 08 30 42 34 07 96 88 54 42 06 87 98 35 85 29 48 39
70 29 17 12 13 40 33 20 38 26 13 89 51 03 74 17 76 37 13 04 07 74 21 19 30
56 62 18 37 35 96 83 50 87 75 97 12 25 93 47 70 33 24 03 54 97 77 46 44 80
99 49 57 22 77 88 42 95 45 72 16 64 36 16 00 04 43 18 66 79 94 77 24 21 90
16 08 15 04 72 33 27 14 34 09 45 59 34 68 49 12 72 07 34 45 99 27 72 95 14
31 16 93 32 43 50 27 89 87 19 20 15 37 00 49 52 85 66 60 44 38 68 88 11 80
68 34 30 13 70 55 74 30 77 40 44 22 78 84 26 04 33 46 09 52 68 07 97 06 57
74 57 25 65 76 59 29 97 68 60 71 91 38 67 54 13 58 18 24 76 15 54 55 95 52
27 42 37 86 53 48 55 90 65 72 96 57 69 36 10 96 46 92 42 45 97 60 49 04 91
00 39 68 29 61 66 37 32 20 30 77 84 57 03 29 10 45 65 04 26 11 04 96 67 24
29 94 98 94 24 68 49 69 10 82 53 75 91 93 30 34 25 20 57 27 40 48 73 51 92
16 90 82 66 59 83 62 64 11 12 67 19 00 71 74 60 47 21 29 68 02 02 37 03 31
11 27 94 75 06 06 09 19 74 66 02 94 37 34 02 76 70 90 30 86 38 45 94 30 38
35 24 10 16 20 33 32 51 26 38 79 78 45 04 91 16 92 53 56 16 02 75 50 95 98
38 23 16 86 38 42 38 97 01 50 87 75 66 81 41 40 01 74 91 62 48 51 84 08 32
31 96 25 91 47 96 44 33 49 13 34 86 82 53 91 00 52 43 48 85 27 55 26 89 62
66 67 40 67 14 64 05 71 95 86 11 05 65 09 68 76 83 20 37 90 51 16 00 11 66
14 90 84 45 11 75 73 88 05 90 52 27 41 14 86 22 98 12 22 08 07 52 74 95 80
68 05 51 18 00 33 96 02 75 19 07 60 62 93 55 59 33 82 43 90 49 37 38 44 59
96 76 28 12 54 22 01 11 94 25 71 96 16 16 88 68 64 36 74 45 19 59 50 88 92
43 31 67 72 30 24 02 94 08 63 88 32 36 66 02 69 36 88 25 39 48 08 45 15 22
50 44 66 44 21 66 06 58 05 62 68 15 54 35 02 42 35 48 96 32 14 52 41 52 48
22 66 22 15 86 26 63 75 41 99 58 42 36 72 24 58 37 52 18 51 03 37 18 39 11
96 24 40 14 51 28 22 30 88 57 95 67 47 29 88 94 69 40 06 07 18 16 36 78 89
31 73 91 61 19 60 20 72 98 48 98 57 07 28 69 65 95 39 69 58 56 80 30 19 44
78 60 73 99 84 43 89 94 36 45 56 69 47 07 41 90 22 91 07 12 78 35 34 08 72
84 37 90 61 56 70 10 23 98 05 85 11 34 76 60 76 48 45 34 60 01 64 18 39 96
36 67 10 08 23 98 93 35 08 86 99 29 76 29 81 88 34 91 58 93 63 14 52 32 52
07 28 59 07 48 89 64 58 89 75 83 85 62 27 89 30 14 78 56 27 86 63 59 80 02
10 15 83 87 60 79 24 31 66 56 21 48 24 06 93 91 98 94 05 49 01 47 59 38 00

55	19	68	97	65	03	73	52	16	56	00	58	55	90	27	33	42	29	38	87	22	13	88	83	34
53	81	29	13	39	35	01	20	71	34	62	33	74	82	14	53	73	19	09	03	56	54	29	56	93
51	86	32	68	92	33	98	74	66	99	40	14	71	94	58	45	94	19	33	81	14	44	99	81	07
35	91	70	29	13	80	03	54	07	27	96	94	78	32	66	50	95	52	74	33	13	80	55	62	54
37	71	67	95	13	20	02	44	95	94	64	85	04	05	72	01	32	90	76	14	53	89	74	60	41
93	66	13	83	27	92	79	64	64	72	28	54	96	53	84	48	14	52	98	94	56	07	93	39	30
02	96	08	45	65	13	05	00	41	84	93	07	54	72	59	21	45	57	09	77	19	48	56	27	44
49	83	43	48	35	82	88	33	69	96	72	36	04	19	76	47	45	15	18	60	82	11	08	95	97
84	60	71	62	46	40	80	81	30	37	34	39	23	05	33	25	15	35	71	30	88	12	57	21	77
18	17	30	88	71	44	91	14	88	47	89	23	30	63	15	56	34	20	47	89	99	82	93	24	93
79	69	10	61	78	71	32	76	95	62	87	00	22	58	40	92	54	01	75	25	43	11	71	99	31
75	93	36	57	83	56	20	14	82	11	74	21	97	90	65	98	42	68	63	86	74	54	13	26	94
38	30	92	29	03	06	23	81	39	38	62	25	06	84	63	61	29	08	93	67	04	32	92	08	09
51	29	50	10	34	31	57	75	95	80	51	97	02	74	77	76	15	48	49	44	18	55	63	77	09
21	31	38	86	24	37	79	81	53	74	73	24	16	10	33	52	83	90	94	76	70	47	14	54	36
29	01	23	87	83	58	02	39	37	67	42	10	14	20	92	16	55	23	42	45	54	96	09	11	06
95	33	95	22	00	18	74	72	00	18	38	79	58	69	32	81	76	80	26	92	82	80	84	25	39
90	84	60	79	80	24	36	59	87	38	82	07	53	89	35	96	35	23	79	18	05	98	90	07	35
46	40	62	98	80	54	97	20	56	95	15	74	80	08	32	16	46	70	50	80	67	72	16	42	79
20	31	89	03	43	38	46	82	68	72	32	14	82	99	70	80	60	47	18	97	63	49	30	21	30
71	59	73	05	50	08	22	23	71	77	91	01	93	20	49	82	96	59	26	94	66	39	67	98	60